나는 나만 생각하는 이기적인 시간이 필요했다

나는 나만 생각하는
이기적인 시간이 필요했다

이화경 지음

상상출판

Part 3
내가 인도에 살았다는 것을 증명해주는 착한 존재들 : 인도에서 만난 사람들

Epilogue

오래 버티는 희망도 없지만 끝까지 가는 불행도 없다 : 귀가의 상념

낯선 길이여, 고마워요

네 살 무렵이었다. 어린 나는 집을 벗어나 세상의 알록달록한 길에 홀려 작고 까만 고무신을 신은 채 타박타박 걸었다. 어린 것을 사로잡는 낯선 길은 힘이 셌다. 그 힘에 이끌려 도심의 변두리까지 당도했을 때, 비로소 아이는 길을 돌아보았다. 길은 따뜻한 빛을 거두고 차갑고 무서운 빛으로 길을 냉큼 지워버렸다.

돌아갈 길이 보이지 않았다. 아이는 위태로운 길의 벼랑 끝에서 입을 벌린 채 울음을 터트렸다. 아이의 길고 질기고 끈덕진 울음이 텅 빈 길을 찢어발겼다. 찢긴 길 한 자락을 붙잡고 달려온 엄마의 치맛자락이 아이의 눈물에 어룽졌다.

잠시 미아가 되었던 어린 나는 하마터면 고아가 될 뻔했다. 허나 네 살 무렵에 맛본 길에 대한 첫 기억은 힘이 셌다. 무엇보다 세상의 낯선 길은 마음을 사로잡는 짜릿한 매력이 있다는 걸 알아채게 할 만큼 강렬했다. 길의 매력에 빠진 이후로, 어린 나는 집구석보다 길바닥에서 노는 것에 더 재미를 붙여버렸다. 길 안의 만화경 같은 풍경을 놓칠까봐 밥 먹고 잠자는 시간이 아까워 애간장이 탔다.

사춘기에는 상처를 받을 때면 밤 봇짐을 싸서 길 밖으로 도망갈 상상을 하며 롤러코스터를 타는 것처럼 오르락내리락 갈팡질팡하는 성장의 어지러움과 메스꺼움을 견뎠다. 가난한 이십 대에는 길에서 사랑을 나누고, 길에서 이별하고, 길에서 세상의 적들과 싸웠다. 돌이켜보니 젊은 날의 기억들 가운데 팔 할이 길에 관한 것들이었다.

인도로 가는 길에 나섰다. 너무 젊지도 늙지도 않은 나이에 또다시 길에 홀려 다시 집을 떠났다. 나는 나만 생각하는 지극히 이기적인 시간을 갖기로 이미 마음먹은 터였다. 하지만 막상 나서려고 하니 낯선 길의 깊이가 보이지 않았다. 넓고 멀고 아득

했다. 번지점프를 하듯이 그냥 그 길로 뛰어내렸다. 고맙게도 따뜻하고 착한 사람들이 살고 있는 그 길은 불쑥 찾아든 이방인을 아무렇지도 않게 받아주었다. 마치 전생(前生)에서 맺은 인연을 다시 만난 것처럼.

그곳에서 나는 일터에 나가고, 한 달 치의 헐한 노임을 받고, 피부색과 언어가 전혀 다른 친구들을 사귀고, 시도 때도 없이 여행을 떠나기 위해 낯선 길로 나섰다. 할 수만 있다면 인도의 모든 것을 찢고, 뜯고, 맛보고, 즐기고, 냄새 맡고, 비벼대고자 애썼다. 그 길에서 수많은 사람과 풍경을 만나 그것들과 문대고 부비고 섞였다.

무엇보다 생면부지의 길 위에서 일상의 매너리즘에 빠진 채 언젠가 잃어버렸던 나 자신을 만날 수 있었다. 나를 닮지 않은 사람들, 나와 비슷하지 않은 풍경들, 나 같지 않은 문화와 나와 다른 습속들과 스치고 마주치고 때로는 마찰하면서 내 자신과 대면할 용기를 얻었다. 물론 정면으로 바라본 내 자신의 모습은 소심하고 비겁한 겁쟁이에 실수투성이인 엉터리 그 자체였다. 하지만 여행의 길이 끝난 뒤에 젖은 조약돌처럼 작지만 좀 더 촉촉해지고 단단해진 자신과 만날 수 있게 되었다.

부끄럽지만 한 번 더 용기를 내서 인도의 길을 글로 옮겨 적었다. 넓고 따뜻한 인도의 길들을 타박타박 따라가며 옮겼던 글 길의 끝에 서게 되었다. 돌아보니 떠돌고 싶은 수많은 길들이 알록달록 어여쁜 모습으로 다시 한 번 나를 홀린다.

낯선 길로 나서고 싶어서 벌써부터 발바닥이 뜨겁고 근지럽다. 어쩌겠는가. 낯선 길은 마음을 사로잡는 힘이 센 것을. 힘이 센 길에 힘없는 나그네는 또다시 끌려갈 수밖에. 길이여, 고마워요.

추신: 절판이 되어 다시는 만날 수 없을 줄 알았던 인도 여행기를 세상에 다시 선을 보여주겠다고 선뜻 손을 내밀어준 상상출판의 유철상 대표님, 스무 살 때부터 지금까지 인생의 길에 함께 동행해준 남편 추교상과 다정하고 예쁜 딸 추훈민에게 깊은 감사를 드린다.

Prologue

인도를 향한
첫사랑

결별의 상념

© costas anton dumitrescu / Shutterstock.com

울고 싶은 재미에
하루를 살았다

구스타프 말러가 그랬다지. 삶도 어둡고 죽음도 어둡다고. 그때 내가 딱 그랬어. 모든 게 막막하고 어두웠어. 그게 누구에게나 인생에 한 번쯤은 찾아온다는 데드라인이라는 것을 몰랐었지. 그때가 바로 내게 시시각각 다가온 '데드라인'의 시간이라는 것을 전혀 눈치채지 못했어. 이십 대엔 세상 모든 일이 다 가능할 것처럼 착각하다가 삼십 대에 이르면 느닷없이 친절한 시간들이 '목을 조르기 시작'한다는 것을. 청춘을 바친 가족과 결혼과 일에 대한 의미와 가치가 뿌리째 흔들리는 위기감을 느끼게 된다는 것을 말이야.

아무도 인정해주지 않는 발작과도 같은 싸움을 혼자 하면서, 나는 강해지기보다는 약해졌고, 밖으로는 으르렁거리면서 안으로는 꺽꺽대며 울었어. 전의에 불타면서도 정작 허물어지는 자신의 내부를 돌아볼 여유가 없었지. 나는 왜 그토록 쓸쓸하고도 외롭고 막가는 싸움을 한 것일까. 삶의 방향을 잡아주는 나침반이 고장 났다면 그냥 버리면 될 일을 가지고 주저앉아 징징거린 걸까. 마음에 들지 않는 사람이 있으면 우아하게 엉덩이를 걷어차주면 그만인 일을 가지고 왜 너는 내가 아니냐고 싸움을 했을까.

나는 나만 별스러워서, 까다로워서, 성질이 더러워서, 심보가 고약해서, 막 돼먹어서, 그렇게 발광을 하는 줄 알았지. 삼십 대 후반이 되면 누구나 견고하다고 믿은 자신의 세상이 알고 보니 '총체적 날림공사'로 지어진 부실한 성(城)이라는 것을 깨닫는다는 걸. 그래서 언제든지 한순간에 박살이 날지도 모른다는 공포에 떤다는 것을 몰랐던 거야.

그 모든 짓들이 데드라인의 공포에서 도망치려는 아등바등이라는 것을 몰랐던 거야. 십 대 아이들만 정체성의 위기를 겪는 게 아니라는 걸, 어른도 끊임없이 성장통을 겪는다는 것을, 그때 나는 몰랐어.

연애하고, 결혼하고, 아이를 낳고, 집을 사고, 자가용을 바꾸고, 그렇게 살다 가는 게 인생이라고. 목구멍이 포도청이라고. 포도청만 잘 지키고 사는 것만도 어디냐고. 그렇게 이십 여 년 가까이 자신에게 공갈과 사기를 치고 협박을 해가며 살았지.

너무도 오랫동안 사기를 쳐서 어떤 게 진실이고, 어떤 게 거짓인지 헷갈리곤 했어. 그렇지만 말이야. 현실적인 맥락에서는 점점 더 무력해지고 동시에 내면에서는 갈수록 분노와 악에 치받치는 나 자신이 문제 있는 인간이 되어가고 있다는 것만은 또렷이 알 수 있었어. 그때는 세상과 사람과 관계에 대해 수동적인 무력감과 동시에 공격적인 적개심을 느끼는 게 우울증의 전형적인 징후라는 것을 까맣게 모르고 있었어. 절대로 인정하고 싶지 않았지만, 한마디로 나는 '앓고' 있었던 거야.

그런데, 그런데 말이야. 데드라인에 딱 걸리니까, 안에 있는 것을 토해내지 않으면 안 되겠더라고. 임박한 데드라인에 닿지 않으려고 필사적으로 도망을 치던 어느 날이었어. 강의를 마치고 나오다가 대학교 게시판에 붙어 있는 종이를 보게 됐어. 거기에는 바로 인도에 있는 콜카타 대학에서 한국어 선생을 모집한다는 내용이 적혀 있었어.

거짓말처럼 들리겠지만, 생전에 한 번도 가 본 적 없는 콜카타라는 곳이 밤에 술꾼을 유혹하는 카바이드 불빛처럼 흐리멍텅한 내 의식에 반짝 불을 켜고 손짓하는 게 느껴졌어. 나중에 상상도 못할 어떤 비싼 대가를 치른다 하더라도 지금 이곳을 떠나 저 멀리로 가고 싶다는 마음속 떨림이 전해져 왔어. 마치 젖은 손으로 전기를 만진 것처럼 핏대를 타고 전율이 찌릿찌릿 올라오더라고. 콜카타라는 단어가 내게 속삭이는 소리를 들었어. 이제 그만 헛된 싸움을 중지하고 떠나라고. 이제 그만 떠날 때가 되지 않았느냐고. 그저 인도(印度)가 인도(引導)하는 대로 따라가 보라고. 일단 그 길을 따라가 보라고. 그렇게 나는 벵골의 밤 속으로 천천히 따라 들어가기로 마음을 먹게 되었어.

나는 나만 생각하는
지극히 이기적인 시간이 필요했다.
절대적으로, 절망적으로…….

난 지금 굉장히 지쳐 있어, 발렌틴.

괴로운 생각만 했더니 완전히 지쳐버렸어.

당신은 잘 모를 테지만, 몸이 아파 견딜 수가 없어.

어디가 아픈데?

가슴 속, 그리고 목…… 슬픔은 왜 맨날 그런 데서 느껴지는 걸까?

정말 그 말이 맞아.

－마누엘 피그, 『거미 여인의 키스』 중에서

주저앉으면 무릎 관절을 도끼로 맞은 것처럼 일어서지 못하는 꿈을, 그 시절엔 거의 매일 밤 꾸었다. 뭔가를 하지 않으면 불안과 피곤으로 심장이 떨리고, 휴일에도 다음 날 적군처럼 들이닥칠 일에 대한 부담과 조바심으로 바장거리곤 했다. 친구 아기 돌잔치에 초대받은 날에는 불경스럽게 죽음을 떠올리고, 결혼식 하객으로 참석한 날에는 경망스럽게 신혼부부의 이혼을 상상하고, 장례식에 조문을 간 날에는 망자의 죽음을 턱없이 질투하곤 했

다. 그러면서도 정작 사람을 만나면 허울 좋은 언사와 번지르르한 겉치레로 체면을 닦는 짓을 아무렇지도 않은 척 해대곤 했다. 그건 내게도, 세상에게도, 참으로 못된 짓이고 못할 짓이었다.

무엇보다 몸이 견딜 수 없이 지치고 피곤하고 아팠다. 무엇보다 마음이 굉장히 슬펐다. 그때 누군가 내게 몸 어디가 아프냐고, 마음 어디가 슬프냐고 물어봤다면 목, 그리고 가슴속…… 그리고 심장이라고 말해줬을 텐데. 『거미 여인의 키스』에 나오는 몰리나처럼 대답해줬을 텐데. 아무도 내게 물어보지 않았다. 권투 시합으로 치면 내가 세상과 드잡이하며 싸운 건 겨우 3라운드쯤 되는데, 제대로 한 방을 맞고 나가떨어지기 전에 그냥 그쯤에서 그만두고 싶은 마음이, 그 시절엔 굴뚝같았다.

내가 바라는 것은 과연 무엇인가. 묻고 또 물었다. 그건 바로 한가하게 홀로 개개는 것이었다. 먹고 사는 일에 푹 젖어버린 습습한 뼈를 쨍쨍한 햇볕에 말리고, 자꾸만 미끄러지는 관계에 매달리느라 절절거리는 수족 관절에 관심도 가지고 싶었다. 언젠가 멈추어버린 생각의 성장판에 물도 좀 주고, 정체불명의 욕망과 실랑이하느라 녹초가 된 마음도 쉬게 해 주고 싶었다. 무엇보다 나 자신을 가장 사랑해주고 싶었다. 그러면 안 될까? 나 죽고 나면 다 끝인데. 쉬는 것이 최고의 수행이라는데. 자기를 위해 쓰는 시간 좀 갖겠다는데, 안 될까? 조금은 어처구니없는 생각의 막바지에 다다르니, 개갤 곳이 어딘가를 묻지 않을 수 없었다.

'여기가 너무 비좁다고 느껴질 때마다/ 인도에 대해 생각한다./ 시체를 태우는 갠지스 강 / 물 위 그림자 큰 새가/ 피안을 끌고 가는 것을 보고/ 세상이 너무 아름다워/ 기절해 쓰러져버린 인도 청년에 대해 생각한다./ 여기가 너무 비좁다고 느껴질 때마다/ 히말라야 근처까지 갔다가/ 산그늘이 잡아당기면 딸려 들어가 영영 돌아오지 않는 여행자에 대해 생각한다.'(황지우의 「雨等量線」 중에서)는 시 구절이 가슴에 퍽 하고 꽂혔다. 세상이 너무 아름다워 기절해 쓰러져버린 청년이 있는 곳이 인도라니. 인도에 가면 너무 아름다워서 기절하는 건 아닐까. 자빠진 김에 쉬어간다고. 그곳에서 당분간 개개는 것도 괜찮겠다는 호기가 생겼다.

인도 대사관에서 비자를 받고 나선 여름날 오후. 갑자기 쏟아지는 장맛비를 맞고 가로수가 휘청거리면서 우수수, 작은 잎사귀들을 마구 떨어내는 것을 나는 오래오래 지켜보았다. 드디어 떠나게 되는구나. 불쑥 재채기하듯 올라온 어떤 야릇한 감상과 설렘으로 나는 대사관 앞을 한참 동안 떠나지 못했다.

바쁜 생활은……
낳고, 낳고, 낳고

바쁜 생활은 피로를 낳고, 피로는 신경질을 낳고, 신경질은 무관심을 낳고, 무관심은 죄책감을 낳고, 죄책감은 우울을 낳고, 우울은 슬픔을 낳고, 슬픔은 외로움을 낳고, 외로움은 절망을 낳고, 절망은 고통을 낳고, 고통은 병을 낳고, 병은 비참을 낳고, 비참은 불운을 낳고, 불운은 그 형제인 회한을 낳고, 바쁜 생활이 낳은 모든 것들은 결국 죽음을 낳고.

보라, 바쁜 생활이 잉태하여 피로와 신경질과 무관심과 죄책감과 우울과 슬픔과 외로움을 낳을 것이요, 그 마지막 이름은 죽음이리라 하셨으니, 이를 번역한즉 저승사자가 우리와 함께 계시다 함이라. 정신없던 일상이 어느 날 잠에서 깨어 일어나 저승사자의 분부대로 행하였나니. 절망과 고통과 병과 불운과 한탄을 데려왔으나 죽음을 낳기까지 동침하지 아니 하더니 마침내 낳으매, 이름을 사망이라 하니라.

가면,
길은 언제나, 뒤에, 있다

어느 날, 인도로 건너가겠다고 말했을 때, 10년 지기 친구는 자신의 무딘 감성의 껍질이 쩡 소리를 내며 균열을 일으키는 것 같다고 했다. 감성의 갈라진 두터운 표피 사이로 생살이 드러나는 것 같이 아프다고. 그런데 아픈 만큼 통쾌하다고도 했다. 도란도란 사이좋게 늙어갈 것이라고 믿은 친구가 날갯짓을 몰래 퍼덕였다는 사실에 야릇한 배신감과 아울러 부러움도 느낀다고 했다.

날개라니. 언감생심. 닭대가리에 새가슴이 된 지가 언젠데. 하지만 엄연히 애도 낳고 젖도 물린 포유류과인 나의 떠남을 비상의 날갯짓으로 여겨주는 것이 어쩐지 생급스러웠다. 내 인도 출행에 대한 친구의 평가가 너무도 과해서 민망하기조차 했다. 잠깐 가볍게 동네 마실 나가는 것도 아니고 짐 보따리 이고 지고 머나먼 이역으로 떠난다는 것 때문에 친구와 내가 약간은 비장한 감상에 젖은 탓이라 여겼다. 송별회를 빙자한 술추렴 뒤의 아련한 취기도 한몫했을 터였다.

그때만 해도 무명(無名)의 글쟁이로, 전업 작가의 탈을 쓴 전업 주부로, 고단한 글짓기를 하던 그 친구는 언제부턴지 여행이라는 단어가 여우의 신 포도 같은 것이 되어버렸다고 고백했다. 그 고백은 낯익은 것이었다. 그건 내 고백이기도 했기 때문이다. 기나긴 여행은 고사하고 한나절이 걸리는 외출도 맘 편하게 하지 못하는 아줌마들이 어디 친구와 나뿐이겠는가 말이다.

친구의 말마따나 모험심은 이미 사라지고 잊혀진 지 너무도 오래, 상상력은 오직 한 가닥 타는 가슴속 목마름의 기억으로만 남아 있게 된 지 너무도 오래. 덕분에 애간장 녹이며 펄펄 끓어야 할 그리움마저 식어버린 지 오래, 기억조차 까마득한 일상인이 된 지 너무도 오래 되어버린 것이다. 친구가 가슴 아프게 지적했듯이 '여행 가고 싶은 열망과 가야 할 필요와 갈 수 있는 백가지 조건이 일상이라는 단 한 가지 핑계 앞에서 맥없이 꺾여 버린 적'이 어디 한두 번이던가.

떠날 채비를 하느라 고추장이며 된장 따위의 구리구리한 냄새 폴폴 풍기는 토종 반찬들을 여행 가방에 쑤셔 넣으면서도 나는 늦바람이 제대로 나서 딴 살림 차리는 여편네처럼 어딘지 은밀하고도 엉큼한 기분이 들어 손길이 자꾸 허방을 짚곤 했다.
그저 떠난다는 이유 하나만으로도 예민해지고 긴장되고 두렵고 떨렸다. 모든 게 상투적이고 심드렁해진 나이에 미지(未知)라는 단어가, 이국(異國)이라는 낱말이 두꺼운 땅을 뚫고 나오는 새순처럼 푸릇하게 느껴졌다. 나는 자신에게 다독거리듯 속삭였다. 한번 가보자. 가면, 길은 언제나, 뒤에 있으니까(황지우, 「마음의 地圖 속 별자리」).

인도에
가기 위해서는

인도에 정통한 일본인 여행가는 인도에 가기 위해서는 단 두 가지가 필요하다고 정리했다. 버리는 일, 그리고 준비하지 않는 일.

두 가지 다 쉽지 않은 일. 지금 갖고 있는 것을 버리는 일과 미래를 위해 준비하지 않는 일을 할 수 있는 사람은 성자(聖者)나 죽음이 임박한 자(者), 둘 중 하나, 혹은 둘 다.

저승 갈 때도 노잣돈이 필요하고, 성자도 다음 끼니 정도는 준비해야 할 터.

인도도 사람 사는 동네. 인도에 가고자 한다면 필요하다고 생각하는 것은 다 준비할 것. 낯선 곳으로 여행가는 데 적어도 낭만이나 정열이나 호기심 정도는 준비해야지. 암만.

© filmlandscape / Shutterstock.com

Part 1

신(神)이
멀리 있지
않은 곳,
인도

은둔의 상념

먼빛이
더욱 아름답다

부엌에는 솥단지를 걸어 놓고, 안방에는 말린 코코넛으로 매트리스 속을 채운 허름한 중고 침상을 들여놓고, 작은 방에는 플라스틱 책상을 앉혀 놓고 살게 된 날, 나는 잠을 한숨도 잘 수 없었다. 새살림을 차린 흥분 탓인지, 냄비 한 그릇 가득 끓여 마신 짜이 덕인지, 밤이 되어도 정신은 말똥말똥 똥그란 말똥구리처럼 굴러다녔다. 천장에 매달린 팬은 열대야(熱帶夜)의 습한 기운을 간신히 밀어내고 있었다.

야심한 밤에 방범을 담당한 동네 자경단원들이 호루라기를 불다가 가끔씩 나무 막대를 딱딱 따아딱 두드리는 소리가 창문을 간헐적으로 흔들고 지나갔다. 잔물결 이는 밤바다에서 노 없는 배를 탄 것처럼 온갖 생각들이 갈피를 잡지 못한 채 갈마들었다.

잠 못 이룬 콜카타의 긴 밤을 지새우고 난 다음 날 새벽. 나는 창문을 활짝 열었다. 힌두교인의 예배 의례인 뿌자(Puja)를 지내는 사람들에게 꽃을 파는 소녀들이 희붐한 새벽 거리를 지나다니고 있었다. 한 사내가 갓 짠 염소 젖이 든 양철통을 자전거 안장 양옆에 싣고 동네 골목을 신나게 달리고 있었다. 어디선가 인도 전통 현악기인 시따르를 연주하는 소리가 낯선 이방

인의 귀에 우련하게 감겼다가 풀렸다. 이층 주인집 마담이 인도 신들에게 봉양하며 사르는 쌉싸래하고 달큰한 향냄새가 계단을 타고 스르르 내려와 내 코끝에 머물다 흩어졌다.

이른 새벽부터 햇살이 방 구석구석까지 강렬하게 쏟아졌다. 방구석 으슥한 곳에 들러붙어 있던 초록 도마뱀들이 빛을 피해 재재재, 긴 꼬리를 흔들며 벽을 타고 사라졌다. 뒷마당엔 아직은 덜 여문 과실을 매달고 있는 망고나무와 바나나 나무와 구아바 나무들이 아열대의 풍부한 습기와 넉넉한 햇빛을 받은 채 우뚝 서 있었다.

아직은 시고 떫은 구아바 열매를 따기 위해 새까맣게 그을린 어린 것들이 폭 좁은 담장 위에서 간짓대를 든 채 까치발을 하고 서 있는 것이 보였다. 덜 여문 어린 구아바 열매 때문에, 고추가 덜 여문 어린 천둥벌거숭이 때문에, 나는 자꾸 입에 시디신 침이 고이는 것만 같았다. 녀석들 너머 뒷마당 울짱엔 뒷집 여인네들이 이른 새벽부터 목욕을 하고 빨아 놓은 원색 사리들

이 산들거리는 바람에 펄럭이고 있었다.

지금, 여기, 내가 있는 곳은, 인도다. 태어나서 단 한 번도 본 적이 없는 풍경 앞에서 나는 마음속으로 가만히 읊조렸다. '외롭겠지만 마침내 혼자 살기로 결심한 나무'(마종기)처럼 나는 한국의 토양을 떠나 낯선 인도에 드디어 뿌리를 내리게 된 것이다.

그날 나는 이제는 먼빛으로 남게 된 한국에서 한 처자가 보낸 한 통의 전자편지를 떠올렸다. 뒷마당이 내다보이는 창틀에 걸터앉아 다음 생에는 나무로 태어나고 싶다고 입버릇처럼 말하던 젊은 처자가 쓴 편지에 적힌 한 구절을 되새겼다.

제가 십칠 년 동안 산 시골집 마당 한구석엔 커다란 물앵두나무가 있었습니다. 이맘때쯤이면 통통히 물오른 앵두, 채 익지도 않은 그 앵두가 너무도 먹음직스러워 나무 아래를 한참이나 서성인 기억이 있습니다.

그러다가 언제였을까요.

비어 있는 집, 장대로 앵두나무를 실컷 두들겨 떨어진 앵두를, 그것도 덜 익은 앵두들을 정신없이 주워 먹는데 바로 앞, 떡하니 버티고 계시던 어머니.

앵두나무 다치게 지금 뭐하는 거냐?

저는 그날 앵두나무보다 더 실컷 맞았습니다.

제가 아픈 것보다 앵두나무 다치는 게 더 걱정이라는 어머니는 분명 계모가 아닐까라는 너무나 슬픈 생각에 어찌나 서럽던지 그날 밤은 제대로 잠을 이루지 못했습니다. 까마득한 옛날 일입니다.

지금은 그 앵두나무 베어지고 없고, 저는 설렘으로 앵두나무 아래를 서성

일 마음의 여유가 없습니다. 그리고 어머니는 지금 늙으셔서 더 이상 저를 때리지 못하십니다.

한 그루의 물앵두나무와 세 그루의 살구나무와 수백 그루의 사과나무와 두 주의 늙은 대추나무에 대한 기억을 간직하고 있는 처자. 이제 그 기억들은 처자에게 먼빛으로 남아 있을 것이었다. 먼빛은 멀기 때문에 아름다운 법. 최초 우주인인 유리 가가린이 어두운 우주 공간 속에서 빛나는 지구를 보고 '지구가 잘 보인다. 아름답다. 지구는 푸른색이다' 하고 말했다지. 유리 가가린처럼 나도 그토록 떠나고 싶어 한 저곳이 먼빛으로 남아 아름답다고 말할 수 있게 될까. 이곳에서, 여기서, 나 역시, 떠나온 곳이 잘 보이게 될까.

계획, 도(道)
깨치려고 하지 말 것

인도에 왔다고 괜히 폼 잡고 도(道) 깨치려고 하지 말 것.

정직하고 순수한 식욕을 유지할 것.

본능에 충실할 것.

머리를 쓰지 말고 되도록 몸을 쓸 것.

뭔가 이루겠다고 아득바득 몸부림치지 말 것.

일은 대충하고 노는 것에 몰두할 것.

잘 모르겠으면 알 때까지 철저히 헤맬 것.

거절에 겸손해질 것.

허벅지가 튼튼해지도록 걸을 것.

세 치 혀를 부드럽게 놀릴 것.

헤프게 자주 웃을 것.

울고 싶을 땐 실컷 울 것.

안부를 묻는 편지를 자주 쓸 것.

여행을 많이 다닐 것.

시장에 자주 갈 것.

친구를 많이 사귈 것.

'긴 하루 지나고 언덕 저편에 빨간 노을이 물들어' 죽고 싶을 만큼 쓸쓸해져도 뽕은 절대로 하지 말 것.

아무리 목말라도 환각제가 든 방라시는 마시지 말 것.

콜카타 시내 써더 거리를 지날 때 '해시시, 해시시, 블랙 슈가, 엑스터시……' 이렇게 마약 이름들을 속삭이며 옆에 악착같이 들러붙는 악마 같은 삐끼를 따라가지 말 것.

인도에 왔으니 가능하면 인도 법(法)을 따를 것.

무엇보다 인도를 사랑할 것.

신(神)이 그리
멀리 있지 않구나!

콜카타 대학 야간 강의를 마치고 집으로 돌아오는 길. 골목으로 막 접어드는 순간, 흰 소 두 마리가 나를 향해 느릿느릿 걸어온다. 후끈한 대낮의 열기가 채 가시지 않은 몬순의 길바닥 어둠 속에서, 암각화에서 갓 빠져나온 소처럼 커다란 불알을 덜렁거리며 내게로 유유히 걸어오신다. 난데없이 치한을 만난 것처럼, 나는 그만 뒤로 주춤 물러서고 만다.

겁먹어서 남의 집 담벼락 쪽으로 비켜선 나를 아는지 모르는지 무심히 지나쳐 골목 안 깊숙이 들어가신다. 소의 똥구멍에서는 락슈미 여신(女神)[1]이 살고 있다는 뜨거운 똥이 한 덩이 뚜욱, 길바닥으로 떨어진다. 지나가던 아낙이 갓 태어난 여신을 모시듯 길바닥에 떨어진 김이 모락모락 나는 쇠똥을 맨손으로 주워 바구니에 담는다.

가슴 안쪽에는 고소한 안심 대신 스깐다 신(神)[2]이 계시고, 이마에는 곰탕용 골수 대신 시바 신(神)[3]이 계시고, 등에는 소주랑 어울리는 등심 대신 야마 신(神)[4]이 머무시고, 뿌연 젖 속에는 유지방 대신에 갠지스 여신(女神)[5]이 계신다던가, 이곳 인도의 소에는……

1. 아름다움과 행운의 여신 2. 하늘 군대의 장군 3. 파괴와 창조의 신 4. 죽음의 신 5. 강가의 여신

복병처럼 숨어 있다가 방심한 나를 향해 다가오는 심야의 무뢰한도, 예고 없이 다가온 어떤 신성(神性)도, 아직은, 다 겁난다.

소는 한 세상 놀러 오신 듯 태평한 표정으로 뒤룩뒤룩해진 몸통을 흔들며 GC 블록 125번지에 살고 계시는 구루[6]의 울타리 앞에 잠시 멈춰 서신다. 울타리 너머 휘영청 흐드러진 나뭇가지에서 살찐 햇잎사귀를 한껏 뜯어 잡수신다. 신의 주둥이가 닿은 기척에 콩깍지처럼 생긴 열매가 자지러지는 소리를 낸다. 그 바람에 홍색 꽃들이 톡톡, 붉은 치마를 뒤집어쓴 채 낙화한다.

나무를 통째로 흔들어놓고도 소는 아무렇지도 않은 듯 자귀나무 그늘 아래 좌정(坐定)하신 채, 느긋하게 덜 씹힌 저녁밥을 연자 맷돌 돌리듯이 턱을 돌려가며 되새김질하신다. 해토머리의 저 나무 밑 그늘은 이승의 안방처럼 아직은 따뜻할 것이다. 신들의 궁전이자 우주이신 소의 까만 눈까풀이 펄럭일 때마다 별들이 하나씩 돋아나온다.

엊저녁, 차이나 마켓에서 소 등심을 사들고 왔다. 중국인 푸주한은 등이 시퍼런 우도(牛刀)로 야마 신을 주저 없이 도려냈다. 생마늘과 간장을 듬뿍 처넣고 달달 볶아 만든 소불고기를 씹어 먹은 아래턱이 괜히 욱신거린다. 소불고기와 신의 자격으로 환생하셔서 유유(悠悠)하게 이승을 거니는 소와의 거리를 생각한다.

신(神)이 그리 멀리 있지 않구나!

비늘 털어내기

몸에 털이 아니라 비늘이 자라고 있는 것처럼 느껴질 때,
흘리는 눈물이 악어 눈물인 듯 어쩐지 가짜로 느껴질 때,
가까운 사람마저 너무 멀고 추워서
오슬오슬 소름이 돋고 뼈가 저리도록 한기가 느껴질 때,
그때는 애써 체온을 끌어올리려 하지 말고
밖으로 무작정 나가 햇볕을 쬐고 비늘을 털어내는 것도 좋은 방법.

그린
파파야 여자

시인이 되고 싶은 한 여자가 있었다. 사람 때문에 마음이 긁히고 일이 뜻대로 안 풀려 심장이 상하면 모든 문을 걸어 잠그고 혼자 틀어박혔다. 여자에게 시인이란 슬픈 존재였다. 시인은 슬픈 사람이어야 했다. 슬픈 것들을 생각하고 또 생각하며 그 여자는 울고 또 울었다. 그리고 비로소 눈물로 몸을 채운 눈물의 여자가 되었다.

그 여자는 시의 눈빛에서 영혼의 날개를 퍼덕이는 파랑새를 보았다. 시는 여자에게 돈을 주는 대신에 청산가리와 같은 치명적인 사랑을 주고, 죽음 너머 영원의 시간을 주겠다고 했다. 언젠가, 언젠가는. 하지만 시는 끝내 여자에게 오지 않고 섬세한 손길을 흔들며 떠났다. 시가 떠난 뒤 그 여자는 석 달 열흘을 울고 또 울며 슬픔에 잠겼다.
하지만 그 여자, 아쟁의 현같이 온몸을 매달아 흔들고 쥐어짜면서도 시에 대한 사랑을 잃지 않았다. 그 여자, 시의 푸른 입술과 푸른 이마와 푸른 옷자락을 붙들며 평생을 살았다. 시는 그 여자에게 살 길인 동시에 죽을 길이 되었다. 그 여자, 시만 아는 병신 같은 여자가 되었다.

그 여자, 시인도 시 먹지 않고 밥 먹고 살며, 시 입지 않고 옷 입고 살며, 시인도 돈 벌기 위해 일도 하고 출근도 하고 돈 없으면 라면 먹고 산다는 걸, 나중에 알았다. 시를 쓰기 위해 현실과 너무 연락을 끊고 산 탓에, 그 여자 밥도 없고 옷도 없게 되었다.

마침내 그 여자, 살기 위해 인도로 떠났다. 비싼 옷도 구두도 가방도 그곳에서는 필요치 않았다. 그 여자, 사금파리처럼 반짝이는 열대의 햇빛을 받아 통통히 살 오른 그린 파파야 열매로 깍두기를, 코코넛으로 물김치를, 부겐빌레아로 화전을 부쳐 먹고 담가 먹으면서 살았다. 배고프면 노란 달을 한 조각 베어 먹었고, 추우면 열대의 햇빛 한 오라기를 끌어와 물레질하며 옷을 해 입었다. 밤이면 뒷마당으로 내려오는 별들과 속삭이느라 외롭지 않았다. 그 여자, 마침내 햇빛 같고, 달빛 같고, 별빛 같고, 열대 과일 같은 여자가 되었다.

비가 내리고,
비는 내리고

아무것도 할 수 없고, 아무 일도 하지 않고, 아무도 만나지 않고, 아무도 불러주지 않는, 그 외롭고도 무료하고 비에 젖은 야릇한 비애(悲哀)의 시간이 몸살 나게 좋았다.

비가 잠깐 멎은 뒤에 공기를 뜨겁게 달구는 해가 떠서 마치 습식 사우나 실(室) 같은 그곳에서 나는 하염없이 땀을 흘렸다. 땀으로 미끄덩한 몸, 땀으로 번질거리는 몸, 눅눅하고 끈적끈적한 몸, 그 축축한 몸이 징그럽기보다는 편했다. 숨을 쉬면 단내 같기도 하고 비린내 같기도 한 입 냄새가 났다. 뜨거운 날숨 냄새가 코끝에서 헐떡거렸다. 숨결 냄새를 제대로 맡아본 게 도대체 얼마 만이었던가.

언제부턴지, 슬픔보다는 분노가, 고통보다는 비명이, 절망보다는 욕설이 먼저 심장을 건너뛰어 입 밖으로 튀어나올 때마다, 힘이 들었다. 이게 아닌데, 하는 저릿한 후회는 매번 뒤통수를 쳤다. 습기가 없는 메마른 강성의 감정들은 잘못 튀어나온 뼈들처럼 내 정신을, 몸을 찔러댔다. 가끔 어떤 습기가 번질 때도 있었다. 하지만 강철에 붉은 녹을 피우는 듯한 독한 습기거나, 꽝꽝 얼린 냉장 고등어를 싼 철 지난 신문지처럼 눅눅하고 비릿한 습기같은 것이었다.

열탕 지옥과도 같은 그곳에서 선풍기도 부채도 없이 몸속 물관을 따라 차오르는 습기를 즐겼다. 메마른 정신의 잎맥까지 통통히 물이 차오르기를 바랐다. 치마처럼 넓은 잎사귀가 찢어지도록 쏟아지는 빗줄기에도 완강하게 물관을 채우는 저 망고나무처럼. 등짝을 채찍으로 갈기듯이 세차게 내리는 빗줄기 속에서도 건강하게 자라나는 저 거리의 아이들처럼. 콜카타 지하 수십 미터에서 칼리 여신이 풀무질을 해대고 있는 게 틀림없다고 믿을 만큼 뜨거운 그곳을 더 뜨겁게 데워준 열대의 거센 빗방울들. 그 빗방울로 숨을 쉬던 벵골 보리수나 벵골 호랑이처럼. 그렇게 강하고 튼튼하게 버티고 싶었다.

울지 마라,
눈물이 네 몸을 녹일 것이니

인도에서 잘 버티다가 그만 덜컥 아프고 말았다. 나무를 이식(移植)할 때 습기가 과한 장마철이나 건조기는 피한다던가. 봄여름가을겨울은 고사하고 우기와 건기만 있는 낯선 토양에 이식된 내 늙은 뿌리는 새순을 내기는 커녕 시들시들 가물어가고 있었던 것이다. 옮겨 심은 나무가 일 년 이상 버텼다고 안심해선 안 된다는 것을 몰랐던 것이다.

섭씨 40도가 넘는 날씨에도 나는 오들오들 떨며 병원엘 갔다. 입원 수속을 한 뒤에 급기야 콜카타에 있는 한 종합병원 수술대 위에 눕고야 말았다. 수술을 집도할 벵골 출신 여의사는 남인도 드라비다족 출신인 듯 보이는 얼굴이 까맣고 코가 넓적한 간호사들과 함께 힌디어로 수다를 떨어댔다. 하나도 알아들을 수 없는 이방의 언어를 귓결로 들으며 해부용 시체인 카데바처럼 무력하게 누워 있자니 어쩐지 으스스했다. 재래식 수술 등(燈)이 쏘는 형광 빛이나 노려보고 있는데, 간호사가 내 팔뚝을 노란 고무줄로 묶은 뒤 주사기를 들어보였다. 마취주사였다. 저거 맞고 아예 못 돌아오면 어쩌나. 잠깐 그런 생각을 했던가.

마취에 떨어지기 직전, 뚱뚱한 간호사가 거무튀튀하고 두꺼운 마름질용 가위로 흰 거즈를 잘라내는 것을 보았다. 그 가위는 재단대 위에 펼쳐 놓은 천들을 써걱써걱 잘라낸 재단사의 가위와 닮아 있었다. 소독은 했을까. 파상풍으로 죽는 건 아닐까. 잠깐 오싹해지다 말았다. 아무려나. 객사할 운명이면 이국의 낯선 수술대 위에 편하게 자빠져 있다가 쥐도 새도 모르게, 나도 모르게, 마취에 취해 고통도 없이 죽으면, 그것도 괜찮겠다 싶었다.

회복기에 땀을 많이 흘렸다. 한 달 동안 몸에 있는 소금기를 내주면서 나는 넘어지지 않고 버티려고 애썼다. 땀도 모자랄 지경인데 눈물까지 흘릴 만큼 몸에 있는 수분이 넉넉지 않았다. 침대에서 자리보전을 하던 어느 날 한국에서 배달해 온 시 한 편을 읽게 되었다. 그해 여름의 신작시였다.

로마 병사들은 소금 월급을 받았다
소금을 얻기 위해 한 달을 싸웠고
소금으로 한 달을 살았다
나는 소금 병정
한 달 동안 몸 안의 소금기를 내주고
월급을 받는다
소금 방패를 들고
굵은 소금밭에서
넘어지지 않으려 버틴다
소금기를 더 잘 씻어내기 위하여

한 달을 절어 있었다
울지 마라
눈물이 너의 몸을 녹일 것이니

「소금 시(詩)」(윤성학)라는 제목의 짧은 시 한 편을 읽고 나서 잠깐 울었다. 울지 마라는 시인의 명령에 불복종하며 소금 병정처럼 울었다. 소금 방패도 던져두고 굵은 소금밭에 자빠져 아픈 몸이 녹도록 울고 싶었다. 실컷 울고 난 뒤, 나는 다시 소금을 얻기 위해 싸우러 세상으로 나갈 수 있었다.

사치와 낭비를
허(許)하라!

아열대의 폭염과 살인적인 습기에 앉지도 서지도 눕지도 못하던 어느 날. 집에서 가장 시원한 곳을 찾았다. 그곳은 바로 냉장고 안. 왜 하필 그 순간, 칠십 년대 유행한 조금은 썰렁하고 황당한 철 지난 유머가 떠올랐을까. 그것은 코끼리를 냉장고에 넣는 법에 대한 유머였다. 첫 번째, 냉장고 문을 연다. 두 번째, 코끼리를 넣는다. 세 번째, 문을 닫는다.

냉장고에 든 음식물을 다 치우고 그 속에 들어가고 싶은 마음이 굴뚝 같았다. 문제는 냉장고의 크기가 아니라 내 몸뚱이 크기였다. 514×1,100×606mm에 용량이 137리터인 소형 냉장고. 아줌마를 품기엔 턱없이 작은 체구라는 것이 걸렸다. 아무리 둘러봐도 집구석 어디에도 피서(避暑)를 할 공간이 없었다.

그래 이열치냉(以熱治冷)이닷! 나는 땀에 젖은 옷을 훌렁 벗어젖히고 천장에 매달린 선풍기 아래에 있는 식탁에 벌거벗고 누웠다. 나올 데도 나오고 들어갈 데도 나온 내 벌거벗은 몸매를 비웃기나 하듯 천장에 매달린 선풍기는 쉬이익 쌩쌩 더운 바람만 맥없이 내뿜으며 돌아가고 있었다. 선풍기

가 돌아가는 것을 눈으로 하염없이 쫓다가 나는 중얼거리기 시작했다.

춥다, 어, 춥다. 추워서 얼어 죽을 것 같네. 차라리 얼어 죽고 싶다.
상황이 아무리 어렵고 힘들어도 긍정적인 자기 암시를 강화하다 보면 너끈히 이겨낼 수 있다더니. 이건 웬걸. 더위로 머리가 돌아버릴 지경에다, 알몸으로 식탁 위에 고깃덩어리처럼 누워 자빠져서 '춥다'를 연발하는 자신이 너무 웃겨서 실실 헛웃음이 나왔다. 미칠 때 미치더라도 곱게 미쳐야겠다는 생각이 들어 한심한 고깃덩어리를 슬그머니 식탁에서 내려놓았다.

한국에서 가져온 제일 좋은 옷을 꿰입고 하이힐을 신고 거리로 나가 릭샤를 불러 세웠다. 그 즈음 동네 근처에 새로 생긴 바리스타 카페로 향했다. 에어컨이 빵빵하게 돌아가는 카페에서 해가 저물도록 머물렀다. 얼음이 크리스털처럼 아름답게 빛나는 더블 아이스커피 두 잔과 치즈 케이크 한 조각과 크루아상 다섯 개를 천천히 오래오래 혀끝에 올려놓고 굴리고 녹이고 씹어 먹었다.

곱빼기로 마신 냉커피가 아랫배를 사정없이 찔러대든 말든, 정신없이 먹어댄 달달한 케이크와 빵이 목구멍부터 위까지 더부룩하게 하든 말든, 너무 친절한 냉방시설 덕에 팔뚝에 오스스 소름이 돋든 말든, 나는 그 순간 행복했고 동시에 위로받았다.

그 뒤로 일상이 고단하고 힘들다고 느낄 때면, 가끔씩, 아주 가끔씩 릭샤를 타고 카페로 향하곤 했다. 콜카타 대학에서 받은 헐한 임금의 반의반을 쪼개서라도 정신적 사치와 몸의 호사를 위해 아낌없이 투자했다. 주인의 위로를 충분히 받은 몸은 더위에 쪼그라들고, 찌든 일상에 짜부라진 뇌에 풍부한 양질의 상상력을 아낌없이 퍼부어주었고 싱싱하고 촉촉한 감각을 피워주었다.

삶이, 사람살이가, 살림살이가, 몸에 붙은 살이, 고단하고 힘들어서 노여울 때는, 사치와 낭비를 허(許)하라!

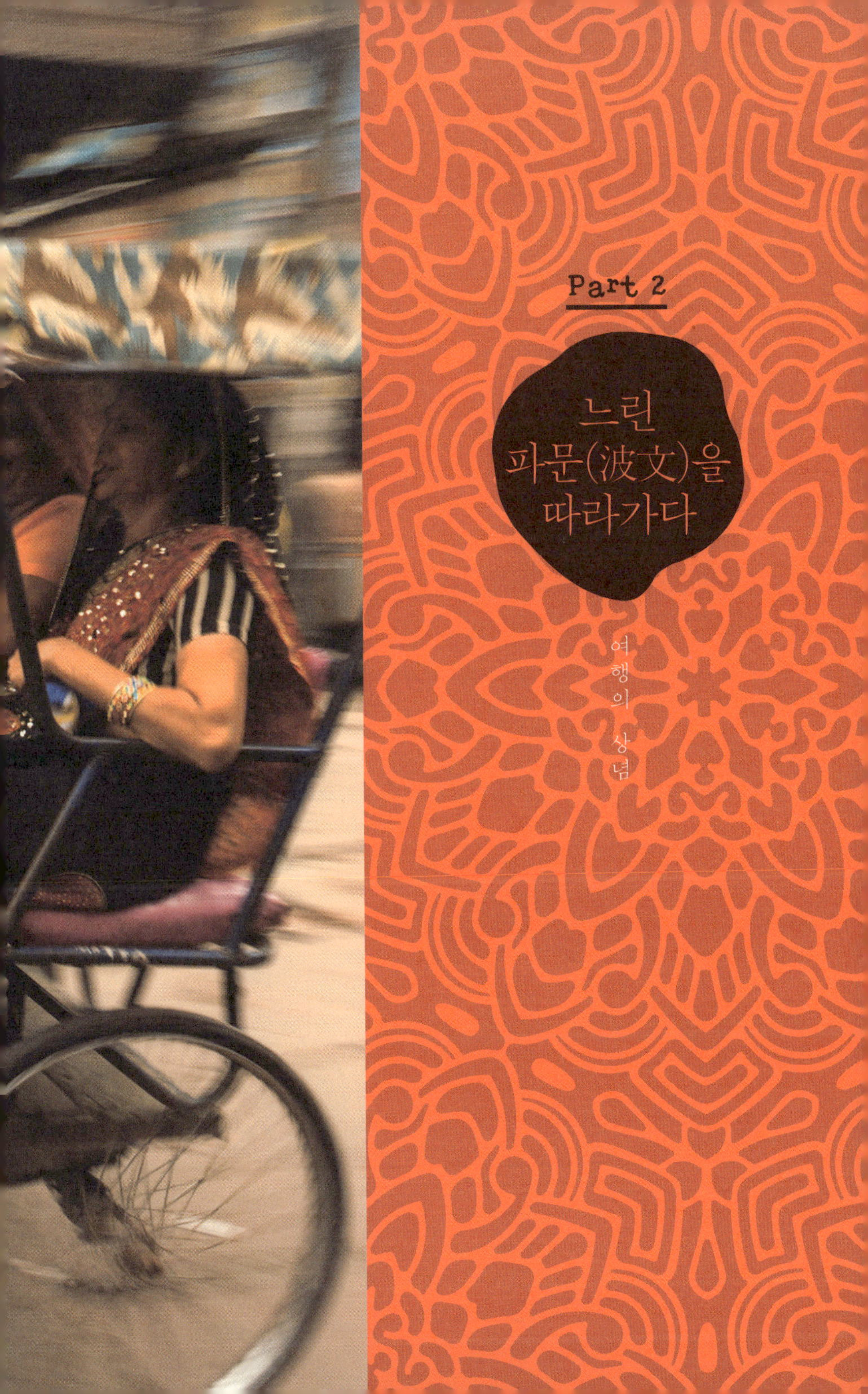
Part 2

느린
파문(波文)을
따라가다

여행의 상념

나마스떼

한국에선 당신에게, 안녕하세요.

인도에선 당신에게, 나마스떼.

나마스떼는 힌디어.

속뜻은 제 안의 빛과 평화가 당신 안의 빛과 평화를 찬양합니다.

당신을 경배합니다. 나마스떼.

지금 이 순간 당신을 존중하고 사랑합니다. 나마스떼.

내 안에 있는 신이 당신에게 깃들인 신에게 안부 드립니다. 나마스떼.

혹시 당신이 인도에 오시면 보자마자

발에 입 맞추며 들려주고 싶은 말. 나마스떼.

당신이 내 곁에 '남았을 때', 나마스떼라고 말해주지

못한 게 후회되지만.

그래도, 당신에게, 나마스떼.

잊으세요,
다 잊으세요

잊으세요

기억력 좋은 당신, 잊기는 어렵겠지만

아침이 오면

빈 마당에 눈부신 꽃밭 가꾸세요

꽃향기 춤추면

모든 게 한낱 꿈일 거예요

그때

나비 되어 놀러 갈게요

—장선우, 「이별 2」 중에서

춥다고 생각하는 생각이 마음을 공허하게 만들어서 감기에 걸리고, 따뜻하니까 감기에 걸린다는 생각이 몸의 긴장감을 떨어뜨려 감기를 부른다지요. 감기에 걸린다고 믿는 믿음 때문에 감기에 걸린다는 말. 그러니 감기 걸린다고 생각하지 말 것. 오래 살고 싶으면 감기에 걸릴 것. 의사가 내린 감기에 대한 처방입니다.

그랬군요. 당신 '생각'을 해서 나는 그리움의 독감에 걸렸던 겁니다. 당신 생각으로 신열이 오르고, 당신 생각으로 목이 아프고, 당신 생각으로 가슴이 뜨겁고, 당신 생각으로 오한이 들고, 당신 생각으로 죽을 만큼 아팠던 겁니다.
아픈데 당신 '생각'만으로도 오래 살 수 있다니. 당신 생각만 하고 살면 오래오래 살 수 있고, 오래오래 살아서 당신 생각을 오래오래 할 수 있다니 다행입니다.

하지만 지금은 떠나야 할 때. 잠시 당신 '생각'을 하지 않으려 합니다. '기억력 좋은 당신'이 저를 '잊기는 어렵겠지만' 잊어주세요, 다 잊어주세요.

'모든 게 한낱 꿈'이 될 때, 그때, '나비 되어' 한 번 들를게요. 안녕.

© Hung Chung Chih / Shutterstock.com

인도로 가는
편도는 없다

설산과 열대 정글이 함께 있는 땅을, 기후와 지형이 그토록 천차만별인 곳을, 주요 언어 7개와 전혀 다른 방언 22,000개가 있는 땅을, 상호 소통이 거의 불가능한 다양한 언어들이 혼재해 있는 곳을, 숫자를 헤아리기 힘들 만큼 많은 인종이 21세기에 공존하는 이 땅을 어떻게 설명할 수 있는가. 51 퍼센트에 해당하는 사람들이 글을 읽지 못하면서도 세계에서 둘째가라면 서러워할 만큼 많은 과학자와 엔지니어를 배출하는 것을 어떻게 한 단어로 설명할 수 있는가. 자신이 사는 땅을 박탈당한 사람들 중 4/5가 홍수가 밀려들 듯이 도시로 몰려드는 나라를 어떻게 설명할 수 있는가. 종교와 문화적 습속이 그토록 다양한 곳을 어떻게 설명할 수 있는가. 4대 주요 종교의 발상지이자, 12개의 다른 클래식 춤이 전수되고, 85개 정당이 난립하고, 감자를 요리하는 300가지 방법들이 전해 내려오는 땅을 어떻게 설명할 수 있는가.

이 질문을 던진 사람은 샤시 타루르(Shashi Tharoor)다. 전(前)유엔 사무차장이자 미려하고도 정확한 문체를 사용하는 저술가이기도 한 샤시 타루르는 『India』라는 책에서 인도에 대한 질문을 이렇게 던졌다. 그 물음은 내가 던지고 싶은 것이기도 했다.

인도 사람들에게 인도가 무엇이냐고 물어보면 한결같이 '인도는 인도다'라는 말만 했다. 누군가는 자랑스러운 어조로 '인도는 위대하다(India is great)'고 내게 말했다. 정당의 강령과도 같은 그 말은 사실 콜카타를 종횡무진 휘젓고 다니는 낡은 양철 시내버스 엉덩이에 쓰여 있는 문구였다. 인도의 무엇이 위대하냐고 되물어보면 모두 다 어깨를 으쓱하며 그냥 위대하다고 했다. '그냥'이라는 말도, 아무 맥락도 없는 '위대하다'는 말도 내게는 아무런 설득력이 없었다.

샤시 타루르가 던진 질문에 그 자신이 한 답변은 너무도 심플해서 약간 어리둥절했다. 인도에는 많은 인도가 있다고. 인도의 모든 것들은 셀 수 없이 많은 상이(相異)한 것들 속에 존재한다고. 거기에는 단 하나의 표준도, 단 하나의 고정된 정형(定型)도 없다고. 인도로 가는 일방통행은 없다고. 인도를 이해하는 원 웨이는 없다고.

그 말이 맞을 것이다. 인도에서 나고 자라 뼛속 깊이, 모세 혈관 끝까지, 지문에 이르기까지 인도가 새겨졌을, 인도인이 한 말일 테니까.

누군가는 인도에서 오래된 미래를 보기도 하고, 누군가는 인도에서 빈자(貧者)의 행복을 누리기도 한다. 누군가는 인도라는 아름다운 거짓말에 홀

인도에는 많은 인도가 있다고.
인도의 모든 것들은 셀 수 없이 많은 상이(相異)한 것들 속에 존재한다고.
거기에는 단 하나의 표준도, 단 하나의 고정된 정형(定型)도 없다고.
인도로 가는 일방통행은 없다고. 인도를 이해하는 원 웨이는 없다고.

리기도 한다. 또 누군가는 불결하고 더럽고 가난한 나라라고 고개를 돌리기도 한다. 누군가는 인도로 순례를 떠나기도 하고, 누군가는 인도로 여행을 떠나기도 한다. 누군가는 인도로 뽕을 하러 가고, 누군가는 인도로 돈 벌러 가기도 한다. '좋았던 과거, 불행한 현재'로만 지금을 인식하는 흑백 논리가 위험하듯이, '좋은 인도, 불행하고 나쁜 이곳'으로 인도를 지나치게 이상화하는 것도 위험할 것이다.

어쩌면 인도는 신기루와 같은 것인지도 모른다. 자신이 지닌 상상력의 크기만큼, 갈망하는 만큼, 공감하는 만큼, 개입하는 만큼. 또 때로는 자신이 간직한 상처만큼, 자신 안에 있는 불안과 두려움만큼, 딱 그만큼만 존재를 드러내는 인도.

어쩌면 인도는 신기루와 같은 것인지도 모른다.
자신이 지닌 상상력의 크기만큼, 갈망하는 만큼, 공감하는 만큼, 개입하는 만큼.
또 때로는 자신이 간직한 상처만큼, 자신 안에 있는 불안과 두려움만큼,
딱 그만큼만 존재를 드러내는 인도.

천국은 틀림없이
도서관처럼 생겼을 것이다

한국에서 보내온 몇 박스쯤 되는 책들은 한두 달이면 동이 났다. 독서라는 거, 인생에 별반 도움이 되지 않는 짓거리라는 게, 살면서 깨달은 몇 안 되는 통찰 중 하나임에도 불구하고, 책이 고프면 대책이 안 섰다. 누구 말마따나 시즌 최다 연속 패배 기록을 세운 운동선수처럼 끝내 승리하지 못할 삶, 차라리 홀가분한 자세로 살리라 마음먹고 콜카타까지 기어들어 왔는데도, 나는 어느새 세상이 궁금해 환장할 지경이었다.

소를 들판에 풀어놓으면 평생 그 들판에서 풀이나 뜯어 먹으며 산다지. 언덕 저 너머에 무엇이 있는지 하나도 궁금해하지 않으면서. 하지만 사람은 허블 망원경을 우주 공간으로 올리는 데 15억 달러를 쓰며, 제대로 작동하지 않으면 수리비로 20억 달러를 더 쓴다지. 소가 들으면 풀 뜯다 웃을 일에 엄청난 돈을 쓰는 이유는 뭘까. 딱 한 가지. 우주에서 무슨 일이 일어나는지 알아야 하기 때문이지 뭐겠어. 그러니 어쩌겠어. 평생 풀 뜯어 먹고 사는 소가 아닌 바에야.

Vote
for
C.P.I.(M)
शान्ति, सद्भाव और उन्नति की धारा
को सुनिश्चित करने के लिये
विद्यासागर विधानसभा क्षेत्र के उप निर्वाचन में
इस चिन्ह   वोट
पर   देकर
वाममोर्चा मनोनीत सी.पी.आई. (म) पार्थी

메일이나 전화로 안부를 물어오는 사람들에게 비감 어린 어조와 협박조로 책을 부탁하곤 했다. 한국 저 너머에 자빠져 있는 나에게 하늘에 있는 별이라도 따줄 것처럼 연민을 표하며 책을 한두 번 부쳐주고는 그들 대부분은 연락을 끊었다.

동정과 협박은 오랜 기간 관심과 사랑을 가져올 수 없다는 것을 그때 나는 알았다. 동시에 문밖에 있는 사람에게 별 관심이 없다는 것도. 왜냐하면 사람들은 아주 바쁘니까. 왜냐하면 그냥, 엄청 바쁘니까. 내가 그랬듯이.

그래도 가뭄에 콩 나듯이 보내주는 책을 받으면 먼저 안아보고, 냄새 맡아보고, 눈으로 애무하고, 손으로 쓰다듬고, 주야로 끼고 베고 덮는, 가히 서음(書淫)이라고 할 만한 짓거리를 했다. 알 수 없는 허기로 인한 책을 향한 탐닉, 혹은 탐식.

한국에서 책이 거의 오지 않게 될 무렵, 나는 콜카타 대학 앞 칼리지 스트리트를 점령하고도 골목 구석구석까지 빼곡하게 들어찬 책방 수백 곳을 순례(巡禮)하기 시작했다. 이 지구상에서 출간한 책은 다 있다고 해도 과언이 아닐 만큼 엄청나게 많은 책들이 그곳에는 있었다. 거리의 도서관을 보며 '천국은 틀림없이 도서관처럼 생겼을 것이다'하고 말한 작가를 떠올렸다. 아르헨티나의 소설가이자 시인인 호르헤 루이스 보르헤스다.

'현관에는 나선형 계단이 있어서 아래위로 연결되어' 있고, '무수한 육각형 방들로 구성되어 있으며 그 끝은 아득해서 보이지 않는'다는 보르헤스의 도서관은 아니지만, 기하학적 구조를 이루며 미로처럼 얽힌 그곳. 그 속에서 길을 잃고 시간을 뺏기는 순간들이 황홀했다.

시성(詩聖) 라빈드라나드 타고르의 영혼의 거처이며 창작의 산실이자 노벨 경제학상을 받은 아마르티아 센의 학문적 모태인 콜카타. 그들의 정신적인 젖줄 역할을 한 칼리지 스트리트의 책방들은 내가 가장 사랑하는 곳이 되었다. 그곳에서 인상파 화가들의 화집을 사고, 인도 최고 성전(性典)인 카마수트라를 손에 넣었다.

헌책방을 순례하다가 지치면 프레지던시 칼리지 건너편 골목에 있는 유서 깊은 인디언 커피 하우스를 찾곤 했다. 콜카타의 지식인들과 예술인들이 즐겨 찾는 인디언 커피 하우스. 타고르도 그곳에서 커피를 마시며 시를 썼다는 전설이 내려오는 곳.

커피 하우스 구석에 앉아 헌책방에서 어렵사리 찾아낸, 낡은 종이 냄새가 고소하게 밴 타고르의 옛 시집을 읽으면서 나는 행복했다. '작가의 조국(祖國)이란 바로 모국어(母國語)'라고 어느 늙은 소설가는 말했던가. 가끔씩 나는 커피 하우스에서 수많은 작가들의 조국에 망명을 하는 시간을 갖곤 했다. 내가 오래오래 산 세상과 멀리 떨어져 책을 읽는 시간은 고요하면서도 맑고 달았다. 쓰디쓴 인도 커피를 홀짝이면서 책 해부 학자처럼 책의 피부와 혈맥과 근골과 뼛속까지 들여다보는 시간은 깨가 쏟아질 만큼 고소하고 따뜻했다.

고양이털을 다듬듯이 책장 한 장 한 장을 손바닥으로 펴가며 읽은 그 오롯한 시간들. 그 무겁고도 아름답고 가격마저 착한 책들. 내 치유책(治癒册)이 되어준 책(册). 내 헐거운 내부에 그득하게 들어찬 도서관, 칼리지 스트리트의 책방들.

인도의 젊은이들은
어떻게 사랑을 나눌까?

자민다르 나라얀 무크헤르지의 아들은 준수하고 고상하며 풍채가 빼어난 데다 시나 문장도 제법 잘했으니 아름다운 청년이라 하지 않을 수 없었다. 타이 소나푸르의 부촌에서 잘나가는 가문에다 카스트까지 높은 청년은 소싯적부터 알고 지내온 이웃집 처녀에게 우정을 넘어서 연모하는 감정을 가슴 깊숙이 간직하고 있었다. 청년과 이웃하여 살고 있는 처녀는 온갖 자태가 부족한 데가 없고, 몸에서는 온갖 아름다움이 배어 나왔다. 버들가지 같이 가는 허리, 설화석고처럼 하얀 얼굴, 커다랗고 신비스러운 눈, 복숭앗빛 뺨, 앵두 같은 입술, 윤기 나는 검은 머리를 가진 처녀는 진정 절세미인이었다. 아리따운 처녀의 이름은 빠로.

청년은 청운의 꿈을 안고 인도를 떠나 영국 론돈(論敦)으로 유학을 갔다. 떠나 있는 동안에도 늘 처녀 생각이 떠나질 않아 마음속이 녹아내리는 것 같았다. 드디어 금의환향하게 된 청년은 오매불망 그리던 처녀를 만나게 되었다. 여전히 경국지색의 미모를 간직한 빠로를 만난 청년은 가슴이 설레어 손을 잡고 사랑스레 어루만지며 그리워하던 마음을 털어놓았다. 서로 마음과 몸이 하나로 모아지니, 이는 가히 푸른 물에 원앙새 놀고 붉은 하늘에 공작새와 비취가 나는 격이었다. 꽃도 같고 달도 같은, 꿈인지 생시인지 알 수 없는, 참으로 짧은 밤을 보내고 난 그들은 새벽 별이 뜨는 것이 야속하기만 했다.

인생은 물거품 같고 사랑은 풀 위의 이슬과 같은 것. 청춘은 다시 오기 어렵고 좋은 일도 늘 있는 것은 아닌 것. 두 청춘 남녀는 청년 집안의 반대로 죽음보다 더 고통스러운 이별을 맞이하게 되었다. 빠로 가문이 청년 가문보다 한 계급 낮은 카스트였기 때문이다. 하늘과 땅 사이처럼, 반상(班常)의 차이가 엄격하거늘. 딸의 미모만 믿고 무엄하게 카스트의 엄격한 철옹성을 뛰어넘으려고 혼담을 들이대던 빠로의 모친은 천추에 씻을 수 없는 모욕을 당하고 말았다.

이웃은 이웃일 뿐, 오해하지 말자. 간 쓸개는 사이좋게 나눠도 카스트는 함부로 나눠 갖는 게 아니라는 것을 뼈저리게 알게 된 빠로의 모친은 돈 많고 가문 좋고 자식까지 많은 홀아비에게 딸을 시집보냈다. 빠로는 그 아름다운 눈에 피눈물을 머금은 채 꽃가마를 타고 먼 곳으로 시집을 가고야 말았다.

그깟 개도 안 물어갈 카스트가 뭐라고. 청년은 슬퍼도 사랑해야 하고, 슬퍼서 사랑할 수밖에 없는 빠로를 어찌 잊어야 하는지 도무지 알 수 없었다. 잠을 잘 수도, 먹을 수도, 숨을 쉴 수도 없었다. 자신의 애틋하고 절절한 사

랑을 무참히도 짓밟은 운명을 저주하며 술로 세월을 보냈다. 유곽에서 절망적인 나날을 보내는 청년을 사랑하게 되는 또 한 명의 여인이 나타나게 되는데……. 뭇 사내들 앞에서 춤을 추고 노래를 부르는 처녀의 이름은 찬드라 무키.

이별의 아픔에 심장이 찢어지고, 못다 이룬 사랑에 간이 녹아나는 순정파 남자를 사랑하게 된 고혹적인 무희(舞姬). 찬드라의 일편단심 민들레 사랑과 정성을 끝내 알아주지 않는 무정한 남자. 그 남자를 잊지 못한 채 눈물로 세월을 보내는 빠로. 선녀보다 더 아름다운 빠로를 곁에 두고도 죽은 전처를 잊지 못하는 빠로의 재혼남. 가혹한 운명의 장난이여.

눈물 대신 술로 잔을 채우고, 한 잔 또 한 잔을 마셔대며 유랑(流浪)의 세월을 보내던 청년은 마침내 자신의 목숨이 다해가는 것을 느끼게 되었다. 죽기 전에 빠로와 한 약속을 지키기 위해 병든 몸을 이끌고 길을 떠났다. 반드시 너의 집 앞에서 죽겠다. 바로 그 무시무시한 약속을 지키기 위해.

죽기 일보 직전에 가까스로 빠로의 대저택 앞에 이른 청년. 처녀 적에 한 남자를 사랑했다는 것을 알게 된 빠로의 재혼남은 빠로가 문밖에 얼씬도 못하도록 엄명을 내렸다. 철창에 갇힌 새처럼 가슴에 돌은 슬픔을 부여안고 지내던 빠로는 사랑하는 이가 자신의 집 앞에서 죽어가고 있다는 것을 알게 되었다.

마침내 청년은 숨을 거두는 마지막 순간에 자신을 향해 뛰어오는 빠로의 긴 사리자락이 나풀거리는 것을 환영처럼 보았다. 청년을 향해 절박하게 달려오는 빠로 앞에서 육중한 철문이 닫히고 말았다. 사랑하는 이의 죽음을 앞에 두고도 가까이 가지 못한 빠로는 슬픔으로 쓰러져 버리고 말았다. 산산이 부서진 이름이여, 허공중에 헤어진 이름이여, 부르다 죽을 이름이여, 선 채로 이 자리에 돌이 되어도 부르다가 죽을 이름이여, 사랑하는 그 사람이여, 데브다스여!

인도 사람들이 가장 좋아하고 사랑하는 문학 작품이자 영화인 『데브다스』를 나름대로 재구성한 내용이다. 인도판 로미오와 줄리엣이라고 할 수 있는 비극적인 사랑 이야기다. 고전적인 내용이지만 여전히 21세기 현대에도 계급과 신분과 여러 장벽을 뛰어넘지 못 하는 인도인들의 사랑을 여실히 보여주고 있다.

상처 없는 새들이란 오직 이 세상에 태어나자마자 죽은 새들이라던가. 사람으로 태어나 상처 없이 사랑을 할 수는 없을 터. 하지만 계급과 신분이라는 허울로 죽음보다 더한 상처를 안게 되는 인도의 연인들. 슬픈 영화보다 더 슬픈 연인들의 연가(戀歌).

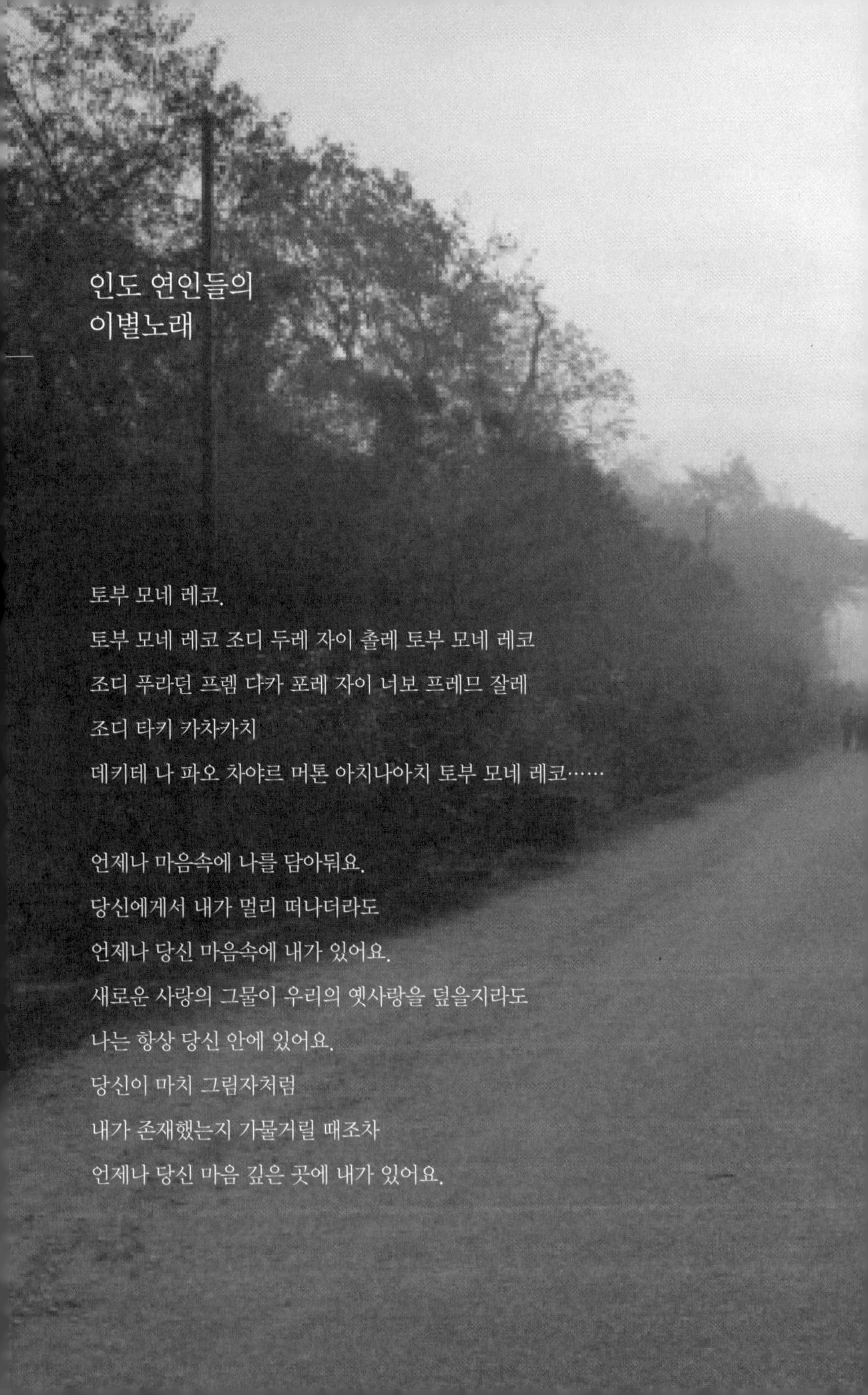

인도 연인들의
이별노래

토부 모네 레코.

토부 모네 레코 조디 두레 자이 촐레 토부 모네 레코

조디 푸라던 프렘 댜카 포레 자이 너보 프레므 잘레

조디 타키 카차카치

데키테 나 파오 차야르 머톤 아치나아치 토부 모네 레코……

언제나 마음속에 나를 담아둬요.

당신에게서 내가 멀리 떠나더라도

언제나 당신 마음속에 내가 있어요.

새로운 사랑의 그물이 우리의 옛사랑을 덮을지라도

나는 항상 당신 안에 있어요.

당신이 마치 그림자처럼

내가 존재했는지 가물거릴 때조차

언제나 당신 마음 깊은 곳에 내가 있어요.

당신 눈에서 눈물이 흘러나올 때면
우리가 함께한 아름다운 봄날을 기억해요.
어느 가을날 아침에
문득 당신이 모든 빛에서 가려졌다고 느낄 때
여전히 나는 당신 안에 있어요.
훗날 당신이 나를 기억할 때
눈물조차 흐르지 않는다 해도
여전히 당신 안에 내가 있어요.

죽은 자는
해피하다?

콜카타 대학에서 집으로 오는 46A 만원버스를 기다리고 있었다. 흰옷을 입은 남자 네 명이 꽃으로 장식한 대나무 평상 같은 판자를 어깨에 메고 지나갔다. 가난하고 초라한 장송(葬送) 콜카타 행렬이었다. 나와 함께 버스를 기다리고 있던 학생이 꽃상여 위에 누워 있는 시신을 보고 마치 힌두의 구루(導師)처럼 내게 속삭였다.
"저기에 누워 있는 시신은 해피한 사람이다."

처음엔 농담이 지나치다고 생각했다. 몸뚱이는 그저 이승에서 빌려 쓴 가죽자루에 불과하고, 죽음 없이 오로지 윤회를 통해 생을 바꾸어 쓸 뿐이라는 힌두교인의 죽음관을 모르는 바 아니었지만, 아무리 그래도 죽은 자가 해피하다니. 고단하고 피곤한 생을 끝장내고 신생할 기회를 얻었으니 기꺼워할 수 있겠지만, 사랑하는 이와 영영 이별하는 슬픔마저 해피할 수 있으랴 싶은 마음이 들었다.

태생으로도, 습생으로도, 난생으로도, 화생으로도 다시 태어나지 않고 윤

회의 고리를 끊는 것이 최고라지만, 지금 이 순간 사람으로 살아 있다는 것이야말로 가장 해피한 것 아닌가 싶은 마음이 들었다. 무엇보다 머리에 아직 피도 덜 마른 애송이가 너무 쉽게 탈속적인 말을 뱉는 것에 어쩐지 심사가 불편해지고 말았다.

아마 죽은 자를 두고 해피하다는 단어를 쓴 경험이 내게는 없기 때문이었을 것이다. 죽음은 애도나 상심이나 조의의 대상이지 그다지 축하받을 일은 아니라는, 한국에서의 한 체험이 뿌리 깊게 박혀 있기 때문이었을 것이다. '개똥밭에 굴러도 이승이 낫다'는 대단히 세속적인 학습을 받은 탓도 있었을 것이다. 무엇보다 열을 받은 검정 우산처럼 머리가 뜨거워진 탓도 있었을 것이다.

"그럼 너도 해피한 사람이 되고 싶으냐? "
묻지 않아도 될 말이었다. 하지만 냉소적인 내 질문에 학생은 인도 사람 특유의 몸짓으로, 고개를 왼쪽 어깨 방향으로 한 번 까딱하더니 아무렇지도 않은 듯이 대답했다.
"예스, 노 쁠라블럼!"
"지금, 당장, 내가 너를 해피하게 해 줄까?"
달려오는 버스를 향해 내가 짐짓 학생의 등을 밀어내는 시늉을 하면서 물었다.
"낫 나우(Not now). 레이터(Later)! "
차도로 등을 미는 내 손을 잡으며 학생이 다급하게 외쳤다.

আজকের সংরক্ষণ
आज का आरक्षण
CURRENT RESERVATION
HOWRAH
G.R.P. TRAFFIC
HOWRAH
G.R.P. TRAFFIC
HOWRAH
G.R.P. TRAFFIC
THACKER DAIRY
COLD RUSH
ICE CREAM
FARM FRESH MILK
THACKER DAIRY
COLD RUSH
ICE CREAM
FARM FRESH MILK
THACKER DAIRY
COLD RUSH
ICE CREAM

인도에 언터처블(Untouchable)은
있다? 없다?

인도는 밖에서보다 안에서 들여다보면 훨씬 넓고 크고 깊다. 살면 살수록 요령부득이고, 알면 알수록 더 복잡하게 느껴지는 곳. 어떤 공통한 집합도 함수도 찾기 힘든 곳. 그곳이 바로 인도였다.

인도는 터무니없이 낭만적이고 이국적인 정서로 가득한 장소만도, 정신적 스승인 구루와 고행을 일삼으며 세속을 초월한 성자들만의 피안도 아니었다. 먹고 살기 위해 복마전을 치르는 아귀들만의 세상도, 유럽 히피들이 서구문명에서 도망쳐오는 오리엔탈 유토피아만도 아니었다.

나 또한 적잖은 오해와 편견, 감상과 동경으로 인도를 바라보았다. 그중 하나가 바로 불가촉천민(不可觸賤民)[1]이라고 불리는 존재에 대한 호기심이었다. 인간에게 붙여진 가장 슬프고 잔인한 대명사, 언터처블. 만질 수도, 만져서도 안 되는 존재. 언터처블.

콜카타에 머물면서 만나는 사람들에게 언터처블이란 존재에 대해 묻고 또 물었다. 질문을 받은 대다수가 곤혹스러운 표정을 지었다. 처음에 그들은 콜카타엔 언터처블이 단 한 명도 존재하지 않는다고 단호하게 말했다.

---

1. 인도의 최하층 신분으로 '언터처블'이라고도 불린다. 인도의 신분제도인 카스트의 브라만(Brahman), 크샤트리아(Kshatriya), 바이샤(Vaisya), 수드라(Sudra) 등의 4계급에도 속하지 않는 사람들을 말한다.

언터처블이 투명인간이라는 건가. 아니면 실재하고 있되 없는 것이나 다름없는 존재라는 건가. 실존적으로는 투명하지만 사회적으로는 불투명한 존재라는 건가.

나는 계속해서 그 질문을 던졌다. 물론 답변은 '없다'였다. 불가촉천민이 무슨 개그 프로에 나오는 영구도 아니고. 일관되게 뚱한 표정을 지으며 '영구 없다!'처럼 '언터처블 없다!'는 말만 그들은 되풀이하고 있었다.

이년 여의 세월이 흘러 나는 콜카타를 떠나게 되었다. 내 학생에게 마지막으로 물었다. 진짜로 언터처블은 존재하지 않는 거냐고. 나는 이제 곧 한국으로 돌아간다고. 그러니 마지막으로 묻는다고. 좀 솔직하게 말해주라고. 그때서야 그 학생이 난감한 표정을 지으며 말했다. 언터처블이란 단어가 인도에 존재한다는 사실 자체가 심히 부끄럽다고. 콜카타의 변두리에 가면 만날 수는 있지만, 외국인인 내가 가면 만날 수는 없을 것이라고. 여전히 알 듯 말 듯한 말로 에둘러 존재를 인정했다.
콜카타의 언터처블은 주로 배설물을 처리하거나 쓰레기를 치우거나 죽은 소를 처리한다고. 남의 더러운 빨래를 빨아주거나 가죽을 만드는 일에 종사한다고. 그중에서도 가장 하층 언터처블은 화장터에서 시체를 처리하거나 죄수를 사형하는 일을 한다고.
그들을 부르는 산스크리트어 고유의 이름은 애초부터 없었다고. 그들을 극도로 오염된 존재들이라고 규정하는 카스트 이념에 따라 인간 공동체 내부에서는 존재할 수 없는 인간들이라고. 그들과는 우물물도 함께 마시지 않는다고. 그들은 성스러운 힌두 경전이나 사원에 접근하는 것조차 금지되어 있다고. 공기마저 오염된다고 믿기 때문에 길거리를 걸어갈 때조차 그들은 자신의 존재를 소리쳐 알리거나 닿았던 땅을 빗자루로 쓸면서 지나가야 했다고. 카스트의 비인간적 모순을 없애려고 간디가 불렀다던 신의 아들을 뜻하는 '하리잔'은 그들을 조롱하는 다른 이름일 뿐이라고. 신의 아들이 될 수 있을지는 몰라도 인도에서 인간의 아들로 대접받을 수는 없다고.

자와할랄 네루는 수많은 종족들의 다양한 문명이 서로 부딪치는 인도에서 피정복 민족을 멸하거나 노예로 삼는 대신 각 종족의 기능을 구분하고 전문화하면서 공존해온 제도가 카스트라고 말했다고. 그 인식에 대해 자신은 공감하고 있다고. 덧붙여 네루 자신도 브라만 계급이라는 말도 잊지 않으면서. 학생은 크고 검은 눈으로 나를 응시하며 마지막으로 물었다. '진심으로 인도 카스트가 무엇인지 알고 싶으냐?'고.
질문에 어쩐지 뼈가 들어 있는 것 같아 즉답을 할 수 없었다. 무엇보다 '진심으로'라는 말이 두려웠다.

학생은 내게 말했다. '언터처블조차 되지 못하는, 카스트 바깥에 존재하는, 당신 같은 외국인이 인도의 카스트를 경험하는 것 자체가 불가능한 미션이다. 지극히 사적인 영역 안으로 철저하게 개입할 때만 알 수 있는 것이 바로 인도의 카스트다. 당신이 한 질문은 대단히 무모하고 무례하며 위험천만한 것이다. 잘 알지도 못하면서. 그러니 과잉 호기심과 불편한 질문을 접고 조용히 한국으로 돌아가라'고.

인간에게 붙여진 가장 슬프고 잔인한 대명사, 언터처블.
만질 수도, 만져서도 안 되는 존재. 언터처블.

손수건 안의 인생

웨스트벵골의 심장인 콜카타 시내 한복판에는 레닌의 동상이 우뚝 서 있다. 바로 그 앞 가장 번화가인 초우롱기 거리 곳곳에는 구걸에 나선 거지와 앵벌이, 시멘트 바닥에서 상체만 일으키고 하체를 빼내지 못해 굳어버린 듯한 다리 없는 걸인이 행인을 끈덕지게 붙잡는다.

세상에 바퀴 달린 것들은 다 나온 것처럼 온갖 탈것들이 종횡무진하는 도로엔 릭샤왈라들이 릭샤 끌채를 손에 쥐고 뜨거운 아스팔트를 맨발로 요령 좋게 뛰어다닌다. 릭샤왈라 앞뒤좌우로 매끈한 외제차들이 경적을 기세 좋게 울리며 길을 가른다.

메두사 같은 검은 머리카락을 풀어 헤치고 붉은 혓바닥을 내밀며 한 손에 벌건 피가 뚝뚝 떨어지는 칼을 들고 있는 여신. 목에는 좋이 십여 개가 넘는 목 잘린 얼굴들을 목걸이처럼 걸치고, 발아래 죽은 사내의 급소를 당당히 밟고 서 있는 칼리 여신을 모신 수많은 사원이 포진해 있는 콜카타.

콜카타에서 가장 큰 칼리 사원 바로 옆에는 거리의 걸인, 부랑아, 임종 직전인 병자들을 거두어 보살피는 마더 테레사 하우스가 있다. 칼리 사원에서는 매일 힌두교 사제가 염소의 목을 쳐서 제단에 신선한 피를 바치는 의

식을 치르고 있다. 마더 테레사 하우스 옥상 위엔 십자가에 못 박힌 젊은 예수가 칼리 사원의 피 냄새를 맡으며 '나는 목마르다'는 문구를 딛고 서 있다. 칼리 사원 길가에 즐비한 가게들은 가시관을 쓴 예수와 꽃미남 크리슈나 신, 주름이 자글자글한 늙은 마더 테레사와 파괴의 여신인 까만 칼리 여신의 브로마이드를 함께 진열해 놓고 있다.

생의 몰락을 적나라하게 보여주는 비참한 거지가 뙤약볕이 쏟아지는 거리에서 죽음보다 더 깊은 잠을 자는 모습조차 어쩐지 성스러운 느낌이 드는 콜카타. 외국인의 눈에는 기이하면서도 매력적이고, 가차 없이 슬프면서도 예사롭지 않게 아름다우며, 소란스러우면서도 평화롭게 느껴지는 곳 콜카타. 콜카타 서민들의 남루한 삶을 보고 레비 스트로스'는 '손수건 안의 인생'이라 표현하며, 남미의 텅 빈 열대에 비해 너무나 꽉 찬 열대인 콜카타의 풍경에 대해 '이 풍경은 정상이 아니다'는 말을 했다던가.

콜카타 대학 인문대학과 프레지던시 칼리지 앞, 서점 600여 개가 운집한 거리 한구석에는 결연한 표정을 짓고 있는 레닌 프로필이 부조된 입석이 있다. 학생 유니언 조합실에도 마르크스와 레닌의 사진이 함께 걸려 있다. 시내 곳곳 공회당 담벼락엔 공산당을 상징하는 마크와 마오쩌둥의 초상화가 그려져 있다. 그렇다. 콜카타는 공산당이 집권하는 곳인 것이다.

19세기 말에서 20세기 초에 걸쳐 인도에서는 철도, 면직물과 황마 공장 등에서 수많은 파업이 일어났는데, 노동자 계급 운동은 사띠아그라하(비폭력

1. 프랑스의 인류학자이자 『슬픈 열대』의 저자

불복종 운동)를 계기로 크게 진전했다. 마침내 전인도노동조합회의가 만들어지고 여기에 유명한 민족주의자와 노동조합 운동가들이 참여하는 등 급진적인 지식인들이 중요한 역할을 했는데, 이는 위로부터 노동자 사회의식이 발전하는 계기가 되었다.

특히 웨스트벵골 주의 낙살바리에서 대지주들의 경제적 수탈과 고리대금업자들의 미곡가 조작에 소작인들이 저항하면서 지주를 몰살하자는 투쟁이 벌어졌다. 낙살바리 운동은 이전과 달리 사회구조의 혁명적인 전환을 요구했다. 이에 웨스트벵골 지식인들이 대거 동참하면서 사회주의 운동에 심대한 영향을 끼쳤다.

부재지주 집단을 줄이고 직접 경작자에게 토지를 분배하자는 토지 개혁 운동을 공산당이 지도하고 수행하면서 웨스트벵골 사람들의 지지를 얻게 되었다. 특히 콜카타에서 노동조합을 조직하고 운영하면서 노동자들은 파업, 사띠아그라하, 단식, 총파업 및 임시휴업, 게라오, 단전 등의 방법을 통해 자신들의 요구를 관철하는 투쟁을 전개해왔다.

그럼에도 1980년대 말 동유럽 공산주의 국가들이 대거 무너진 후, 인도 역시 관세장벽을 허물기에 바쁜 신자유주의 신봉자들, 지도자와 분열한 정당, 권력에 굶주린 야당에 의해 살인적인 세계화의 길로 들어서고 말았다. 일부 부유층과 상류층을 겨냥한, 내구소비재와 기타 상품들의 생산과 수입을 고무하는 자유화는 서민층과 빈민층 전체를 헤어 나오기 힘든 가난 속으로 밀어 넣고 있다. 외국인이라면 무조건 미국인으로 오해하기도 하는 인도인 중 한 사람은 레닌 동상 앞에서 사진을 찍는 내게, "미국인이여! 지

옥으로 떨어져라!"하고 소리를 쳤다.

콜카타의 주요 집권 공산당에는 CPM, RSP, FB 등이 있다. 당 명칭만 다를 뿐, 웨스트벵골 주의 공산당을 쥐락펴락하는 절대 권력자는 죠띠 바수라는 사람이다. '공산주의자에게 은퇴란 없다'고 말한 죠띠 바수는 2003년에 공식적으로는 은퇴선언을 했다. 하지만 아무도 이 권력자의 퇴임이 콜카타 공산당의 종말을 가져오리라곤 생각하지 않았다. 내가 가르친 학생들은 모두 죠띠 바수를 정권욕에 불타는 비열한 인물의 전형이며 콜카타를 인도의 대도시들 중 최악의 빈곤 지역으로 만든 장본인이라는 말을 서슴지 않았다. 학생들은 죠띠 바수와 공산당을 증오한다고 했다.

한 학생은 죠띠 바수는 '권력은 총구에서 나온다'는 확고한 신념을 구현한 콜카타의 빅브라더며, 당원들도 모두 기회주의자들이라고 성토했다. 다른 학생은 사악하고 비열하고 독선적이며 안하무인격인 이곳 공산당 체제에 염증을 느낀 지식인, 기업인, 경영주들이 방갈로르나 첸나이 혹은 델리, 심지어는 외국으로 떠나고 있다고 했다. 절대 권력은 절대 부패를 낳듯이, 이들이 장기집권을 하는 동안 관료적 부패가 침투하지 않은 곳이 없다며 분노했다. 경제적 기반을 더 이상 갖추지 못한 콜카타의 공산당은 더없이 공소하고, 어떠한 도덕적 기반도 갖추지 않은 탓에 맹목으로 전락한 듯했다.

레닌 동상을 오랫동안 쳐다보는 내게 지나가던 오십 대 인도 사내가 말했다. "21세기, 지금 오늘, 세계 어디에도 없는 레닌 동상이 이 콜카타에 서 있다는 게 운명의 아이러니다."

마더 테레사 효과
(Mother Teresa Effect)

겨울밤이었다. 모기떼와 함께 짙은 안개가 물 샐 틈 없이 덤덤 공항 상륙 작전을 펼치고 있었다. 상한 치즈처럼 두껍고 노랗고 냄새나는 밤안개가 덤덤 공항 대합실까지 스멀스멀 퍼지는 것을 지켜보았다. 나는 코를 감싸 쥔 채 고약하고 꼬장꼬장한 노인네처럼 대합실의 딱딱한 의자에 세 시간째 앉아 친구들을 기다렸다. 착륙을 몇 번 시도하고 있다는 안내 방송을 들으 면서.

자정 무렵에 콜카타 덤덤 공항에 도착하기로 한 싱가포르 에어라인은 끝내 착륙하지 못했다. 덕분에 한국에서 먼 길을 돌고 돌아 내게로 오기로 한 두 명의 친구도 만날 수 없었다. 안개를 뚫고 중국 비행기는 용감무쌍하게도 덤덤 공항에 착륙을 했다. 혹시나 하는 기대로 출구로 달려갔다. 역시나 친 구들의 모습은 보이지 않았다.
그때 낡고 더러운 공항과는 전혀 어울리지 않는 예쁜 동양 여성 한 명이 환 한 미소를 띠고 출구를 빠져나왔다. 고단에 찌든 여행자의 누추함은 전혀 보이지 않는 처자 옆에는 아무도 없었다. 심야의 덤덤 공항은 어딘지 으슥

54 A
MOTHER TERESA, M.C.
IN

하고 위험해 보이는 곳임에도 처자는 전혀 두려워하는 기색이 없었다. 공항 밖으로 빠져나가는 대신 웬일인지 내 옆에 나란히 섰다. 콜카타 주민으로서 뭔가 인사라도 건네야 할 것 같은 마음에 말을 붙였다.

일본에서 왔다는 스물두 살의 처자는 외국 여행이 처음이라고 했다. 인도로 온 이유는 '니르말 흐리데이(죽어가는 빈자들을 위한 집)'에서 봉사를 하기 위해서라고 했다. 귀밑 솜털이 보송보송한 처자의 입에서 나는 '마더 테레사 효과'라는 용어를 처음으로 들었다.

착한 일을 하면 몸까지 좋아진다는 마더 테레사 효과. 남을 돕는 봉사를 하고 나면 근심이나 스트레스로 생긴 혈압이나 콜레스테롤 수치가 낮아지고 엔도르핀이 팍팍 돌아 기분이 최고조인 '헬퍼스 하이(Helper's High)'에 이르게 된다는 마더 테레사 효과. 누군가를 도우러 낯선 나라까지 왔다는 사실에 이미 처자는 엔도르핀 주사를 열 대 이상 맞은 것처럼 황홀한 표정을 지었다.

한 인도 사내가 헐레벌떡 대합실로 뛰어 들어와 잠시 대기 중인 수하물을 찾아가듯이 처자를 데리고 나갔다.

사요나라. 안녕.
처자는 대합실을 떠나면서 내게 인사를 했다. 앙증맞은 인형을 단 배낭을 메고 처자는 경쾌한 발걸음으로 인도 사내를 뒤쫓았다.

덤덤 공항에 내린 테레사 수녀가 제일 먼저 한 일은 '가난한 자 중에도 가장 가난한 자들과 낮은 자 중에서도 가장 낮은 자들'이 있는 땅바닥에 입을 맞춘 것이었다던가.
그 순간 나는 마더 테레사에 대해 불편하고 곤혹스러운 심기를 드러내던 콜카타 대학 학생과 교수와 신문기자를 떠올렸다. 콜카타 사람들은 노벨 문학상을 받은 시인 타고르와 칸 영화제에서 최우수 인간다큐멘트상을 수상한 영화감독인 사티아지트 라이와 므리날 센, 노벨 경제학상을 받은 아마르티아 센을 배출한 자신들의 땅에 대한 긍지로 가득했다.

그들은 콜카타를 빈곤과 기아와 질병이 창궐하는 지옥으로 고착화한 주범이 테레사라고 했다. 자신이 만든 지옥으로 내려온 대가로 테레사는 '기적의 연꽃상’, ‘착한 사마리아인 상’, ‘존 F. 케네디 상’, ‘국제 평화와 이해 촉진을 위한 네루 상’, ‘세계에서 신앙을 증진하기 위한 템플턴 상’, ‘알버트 슈바이처 상’, ‘발찬 상’ 그리고 마지막으로 ‘노벨 평화상’을 거머쥐고 천문학적인 상금을 싹쓸이했다고 말했다. 콜카타가 테레사에게는 구제받을 길 없는 빈민가일지 모르지만 자신들에게는 세상에서 가장 예술적으로 풍요롭고 문화적으로 부유한 곳이라고, 그러니 제발 콜카타에 대한 불편한 편견을 버려달라고 당당하게 말하곤 했다.

친구들을 태운 비행기는 결국 방글라데시 다카로 회항하고 말았다. 귀가하는 길, 도로에서 목이 으깨진 짐승을 보았다. 개 서너 마리가 먹잇감을 향해 길가 어두운 잡풀 속에서 슬금슬금 기어 나오고 있었다. 10미터 전방에서 피 냄새를 맡은 검은 개가 짙은 안개를 뚫고 맹렬히 달려가고 있었다. 길 위에서 생을 마친 불쌍한 개에게 자비를……

칼리 여신

칼리(Kali)는 여신. 칼리는 검은 여자. 칼리는 무적의 물소 악마 마히샤수라의 목을 뽑아 죽일 만큼 무시무시한 힘을 가진 킬러. 산전수전 공중전을 치러봤기에 세상에서 무서울 게 하나도 없는 당당한 여자. 칼리는 설산(雪山)의 딸. 칼리는 성스러운 어머니. 칼리는 아웃사이더. 칼리는 가난하고 억압받는 자들의 친구. 칼리는 추방자. 메두사의 대가리 같은 시커먼 머리를 늘어뜨린 채 아이의 시체로 만든 귀걸이를 하고 있는 여자. 해골바가지를 구슬처럼 꿴 목걸이를 목에 두르고 잘린 팔들로 이어 붙인 치마를 입은 기괴하고 섬뜩한 패션의 소유자. 세상의 같잖은 모든 허세와 권위를 조롱하듯 피로 물든 빨간 혀를 내민 서슬 퍼런 여자. 곤히 잠든 남편 시바 신의 품에 안기기보다는 당당하게 밟고 서길 즐기는 여자.

칼리는 카니발의 주인공. 칼리의 주된 거처는 화장터. 지루한 명상이나 요상한 요가 따위는 사절하고 신나는 싸움과 피비린내 나는 학살을 갈망하는 여전사.

칼리 여신이여, 부디 자비를 베푸시어 내게도 검은 힘을 주소서!

Part 2 : 느린 파문(波文)을 따라가다

다질링의
전망 좋은 방

차(茶)로 유명한 콜카타 북쪽에 위치한 다질링으로 향한 때는 크리스마스 사흘 전이었다. 다질링은 웨스트벵골의 최고 휴양지로 유명한 곳이다. 모처럼 휴양지의 호텔에서 크리스마스 이브를 지나 크리스마스를 넘어 세모(歲暮)까지 버틸 요량이었다. 며칠 지나면 불혹이라는 마흔 살이 될 터였다. 서른 살이라면 모를까. 불혹 정도는 방구석이 아니라 자작나무가 타는 페치카가 있는 우아한 호텔에서 고급스럽게 맞이하고 싶었다. 다질링의 전망 좋은 호텔을 향해 지프를 타고 달렸다.

12월 말도, 다질링도, 전망 좋은 호텔도, 뼛속이 시리도록 추웠다. 세상에서 세 번째로 높다는 칸첸중가. 그곳의 무섭도록 시린 흰빛 그늘이 한달음에 달려와 덮어버린 것처럼 다질링은 너무도 추웠다.

냉기가 잘잘 흐르는 객실에서 뜨거운 물을 채운 플라스틱 물병 두 개를 애인 대신 악착같이 끌어안으며 잠을 청해보았다. 하지만 부실한 아랫도리로만 몰리는 추위를 밀어낼 재간이 없었다. 다질링이 여름 휴양지라는 사실(!)을 마치 깐깐한 훈계처럼 밤새 되뇌며 모자란 머리를 탓해 보았다. 그래

도 모진 추위는 빨래판처럼 단단하게 굳은 등짝을 향한 채찍질을 좀체 멈추지 않았다. '산머리 높이 올라가 굶어서 얼어 죽는 눈 덮인 킬리만자로의 표범'이고 싶은 생각은 눈곱만큼도 없던 나는 하이에나처럼 소리를 지르며 벌떡 일어났다.

아, 산꼭대기에 위치한 초라한 호텔 객실에 들이찬 만월의 젖빛이라니. 여름 휴양지로 적당한 객실답게 두 면이 유리창인 방으로 넘칠 듯 밀고 들어온 달빛이라니. 신음이 터졌다. 허연 입김이 냉기 속으로 금세 녹아들었다. 달빛을 뚫고 산꼭대기의 신성(神聖)인 칸첸중가가 우람한 근골을 과시하며 유리창 앞에 우뚝 서 있었다. 뻗으면 칸첸중가의 갈비뼈가 만져질 것 같았다.

유리창을 활짝 열어젖혔다. 새파랗게 어린 별들이 꼬리에 빛을 달고 우르르 방으로 쏟아져 들어왔다. 갓난애 투레질 같은 소리도 그 틈새를 타고 사붓사붓 들어왔다. 호텔 옆에 마구간이 있었던가. 식성 좋은 조랑말이 그 새벽에 여물을 씹어대고 있었던 것이다. 오달지게 먹어대는 녀석의 주둥이에선 연신 허연 입김이 모락모락 피어오르고 있었다. 말구유에는 내일 모레 크리스마스 이브를 맞이하여 까르르 울어댈 어린 예수가 누울 자리는 없어 보였다. 있대도 마리아가 영광스러운 해산을 하기에는 너무나 춥고 외진 곳이었다. 하지만 갓난아이를 받아도 될 만큼, 산모의 자지러진 뼈에 약이 될 만큼, 조랑말이 뜨듯한 말똥을 푸지게 싸고 있었다.

나는 평생 처음으로 맞이한 춥고도 뜨거운, 더럽고도 아름다운, 웃고 있어도 눈물이 나는 낯선 전망에 오래오래 눈길을 두고 마음을 주었다.

달빛 별빛 산빛이 흩뿌려지니, 밤은 깊어도 잠을 이룰 수 없었다. 뼛속까지 와 닿고, 심장까지 파고드는 경이로운 정경이었다.

그때 하필 왜 용필이 오빠 노래가 생각났을까. '묻지 마라 왜냐고 왜 그렇게 높은 곳까지 오르려 애쓰는지 묻지를 마라'는 건방진 가사를 이해할 수 있을 것 같았다. 높은 곳에 오르려 애쓴 처지에. 물어봐야 답이 없는 짓을 한 처지에.

'내가 지금 이 세상을 살고 있는 것은 21세기가 간절히 나를 원했기 때문이야'라는, 여물 씹던 조랑말도 체하게 할 것 같은 과대망상적인 가사에 목이 메었다. 내가 이 세상을 사는 이유는 바로 21세기가 원했기 때문이었구나. 그것도 간절히. 그래. 다른 누구도 아닌 21세기가 원한다는데 살아줘야지. 아무리 '살아가는 일이 허전하고 등이 시려도' '위안해 줄 것이 아무것도 없는 보잘것없는 세상'일지라도. 까짓것.

얼음장 같은 바닥에서 달빛과 설산의 흰빛을 껴안으면서 삼십 대의 그믐을 맞았다.

샨티, 샨티!

세모(歲暮)의 너무도 추운 다질링을 마치 퇴각하는 패잔병처럼 서둘러 떠난 나는 좀 더 아래로 남하했다. 그곳은 서벵골주 북서쪽에 위치한 산티니케탄이었다. 산티니케탄에서는 설치미술을 공부하는 한국인 미술학도가 나를 기다리고 있었다. 환한 웃음을 지으며 합장을 한 채, 나를 맞이했다. 샨티(Shanti), 샨티! 평화, 평화!

다질링에서 얼어붙은 몸과 마음을 단박에 녹이는 미소와 인사였다. 마침 그곳에서는 포시멜라(겨울 축제)가 열리고 있었다. 타고르가 생전에 자신의 이상향으로 삼은 곳이자 유서 깊은 대학 도시이기도 한 산티니케탄에서 크리스마스 절기에 맞추어 열기 시작한 축제가 바로 포시멜라 축제라고 미술학도가 설명했다. 뒤늦게 기대하지 않은 크리스마스 선물을 받은 어린아이처럼 마음이 들뜨고 설렜다.

광장에서는 축제 겸 바자르(시장)가 열리고 있었다. 지역 예술가들은 자신들이 만든 작품을 거리에 전시해 놓았고, 민속품인지 전위 예술작품인지 알 수 없는 작품을 들고 나온 아마추어 예술가들도 있었다.

야수파 그림의 분위기가 확 풍기는 작품을 바닥에 전시한 예술가는 팔려도 그만, 안 팔려도 그만, 무심한 표정으로 햇빛바라기를 하고 있었다. 예술

울긋불긋하고 알록달록한 옷을 입은 아이들.
젖을 담뿍 먹은 아이처럼 배가 불룩한, 손등에는 살이 소복한,
몸이 둥근 아이들은 처자의 예술적 자궁이 낳은 생명들이었다.
생명이야말로 가장 눈부신 축제가 아니던가.

가를 향해 동네 늙은 개가 오체투지의 순례자처럼 배를 깔고 땅바닥에 납작 엎드려 있었다. 자신의 진흙 빛 살갗을 떼어 만든 것 같은 성스러운 신상(神像)들을 내다 파는 거리의 아낙네도 무심하긴 마찬가지였다. 몇 개 안 되는 바구니를 꼼꼼하게 엮는 남자도, 꽈배기 같은 밀가루 과자를 튀기는 남자도, 땅콩을 파는 소년도, 모두 자신의 얼굴을 닮아 있는 것 같았다.

바자르 구석, 구제 옷을 파는 곳에서 갓난아이나 돌쟁이가 입을 아기 헌옷 수십 벌을 사서 배낭이 미어터지게 집어넣던 처자. 그 표정에는 다산(多産)을 한 어머니처럼 뿌듯함과 자부심이 넘쳤다.

처자의 집에 머물게 되었을 때, 나는 관절이 보이지 않을 만큼 포동포동하게 살이 찐 작은 아이들을 보았다. 앞마당 바지랑대에는 깨끗하게 손빨래를 한 아이 옷들이 걸려 있었다. 그믐달인데도 바지랑대 건너 담벼락엔 붉은 부겐빌리아 꽃들이 낭창낭창 휘어지고 있었다.

처자는 눈부시도록 맑게 헹군 헌옷 속에 면 솜과 낡은 헝겊을 채워 통통하게 만든 다음에 한 땀 한 땀 손바느질을 해서 귀여운 아이 형상을 완성했다. 그 모습은 아이의 헐거운 배를 채워주면서 생명을 깁는 아낙의 지극정성 그 자체였다. 처자의 예술은 대단히 생태적이었다. 생명을 보듬고, 키우고, 지키려는 열망이야말로 여성성의 본질이 아니던가. 울긋불긋하고 알록달록한 옷을 입은 아이들. 젖을 담뿍 먹은 아이처럼 배가 불룩한, 손등에는 살이 소복한, 몸이 둥근 아이들은 처자의 예술적 자궁이 낳은 생명들이었다. 생명이야말로 가장 눈부신 축제가 아니던가.

처자의 창작 분만실이자 아직 태어나지 않은 아이들의 포란실(抱卵室)에서 2박 3일을 머문 그해 겨울은 참 따뜻했다.

떨어지지 않게 손잡이를 꽉 잡아라
그러면 모든 게 노 뽈라블럼이다

포시멜라는 축제 분위기로 발갛게 달아올랐어. 광장에서는 폭죽이 뻥! 펑! 연이어 터지며 사람들 머리 위로 불꽃들이 명멸하곤 했지. 불꽃보다 더 환한 불을 밝힌 놀이기구가 조무래기들을 유혹하고 있었어. 커다란 수레바퀴 같은 휘갑쇠에 의자를 하나씩 매달아놓은 것 같은 놀이기구가 씽씽 밤하늘을 가르며 돌아가고 있었어. 휘황한 색색 전구를 밝히며 비행접시 모양을 한 의자를 휙휙 지상으로 띄워 올리고 있는 놀이기구. 그것 하나로 산티니케탄 시골구석이 갑자기 네버랜드의 어메이징 파크가 되어버린 것 같았지.

가만히 서 있어도 엉덩이를 들썩이게 만드는 신나는 힌디 가요가 귀청을 때릴 뿐이고, 폭죽은 별빛보다 더 빛나는 불꽃으로 밤하늘을 수놓을 뿐이고, 놀이기구는 쌩쌩 돌아가고 있을 뿐이었어……. 나는 축제 기분에 들떴을 뿐이고……. 야릇한 흥분으로 나도 모르게 놀이기구 의자에 앉고야 말았어. 아뿔싸. 앉고 보니 내가 무슨 짓을 저질렀는지 실감이 팍팍 났지. 놀이기구 의자엔 그 흔한 안전벨트도, 몸이 밖으로 쏟아지지 않도록 막아주는 장치도 없었어. 불안으로 흔들리는 내 눈빛을 본 걸까. 안내요원은 내게 안전수칙을 설명했어.

'떨어지지 않게 손잡이를 꽉 잡아라. 그러면 모든 게 노 쁠라블럼이다.'

놀이기구 축이 덜컹거리며 슬슬 돌아가기 시작하는 순간, 이를 악물고 쉿 내가 진동하는 손잡이를 악착같이 붙잡았어. 공중 부양을 하는 동안에 아래 의자에 앉은 사람들을 보는데 안방에 앉은 것보다 더 편안한 표정을 짓고 있더군. 기구 축이 거의 직각에 이르렀을 때, 땅과 몇 십 미터 떨어진 수직 상공에서 스릴을 맛보라는 듯이 기구가 잠시 멈췄을 때, 숨이 턱 막히더군.

낙하와 상승을 반복하는 수레바퀴 같은 운명에 악착같이 매달려 사는 게 인생이라는 걸 아는 나이라고는 하지만 안전벨트 없이 놀이기구 타는 건 좀 그렇더군. 하지만 스릴 부분에서는 10점 만점에 10점을 주고 싶어.

나무늘보의
삶을 따라가다

화요일이 토요일이고, 수요일이 일요일인 마을을 알고 있는지요. 몽골발(화요일)에는 강으로 나가 마구르마츠(메기)를 잡고, 붇발(수요일)에는 시타르와 타블로를 연주하며 사랑 노래를 몇 시간이고 지치지 않고 불러대는 떠돌이 악사인 바울들. 그들이 연주하는 구성지고 흥겨운 가락에 마을 사람들도 장단을 맞추는 마을에 저는 살고 있습니다.

저는 이 마을의 느려터지고 물러터진 생활이 마냥 좋습니다. 전화도, 컴퓨터도, 휴대폰도, 호출기도, 텔레비전도 없는 생활. 불러주는 이도, 부르고 싶은 이도 없어서, 사람에게 들볶일 일 없는 고즈넉한 일상이 행복하기만 합니다. 비가 오면 처마 밑으로 낙숫물 떨어지는 소리에 귀를 열어 두고, 햇빛 좋은 날엔 이불 호청을 뜯어 빨아 햇빛 향기 속에 꾸덕꾸덕 말라 가는 것을 마냥 지켜봅니다. 저는 참으로 오래간만에, 적막한 시간 속에 오도카니 앉아 있습니다.

누구의 발자국도 닿지 않은, 오랫동안 잊고 지낸 제 안의 뜨락. 그 안으로 마치 첫눈이 내리듯, 사탕수수를 빨아 갓 정제한 설탕가루처럼 희디흰 햇

빛이 쏟아지는 이곳에서 말입니다.

감자 두 알을 썰어 카레를 만들고, 밀가루 한 주먹으로 차파티 두 장을 구워서 끼니를 해결합니다. 양파와 매운 고추와 오이로 만든 샐러드에 레몬 한 알을 까서 시큼한 즙을 뿌려 먹으면 아무리 무더운 열기도 금세 사라집니다. 아침에 한 잔, 정오에 한 잔, 석양 무렵에 또 한 잔의 짜이를 마시면 다이어트를 걱정해야 할 정도로 몸이 불어납니다.

지금 저는 게으름뱅이 나무늘보의 삶을 따라가고 있습니다. 온몸에 이끼가 돋을 정도로 하루 종일 잠만 자고, 온 생애를 빈둥거리는 나무늘보. 나무늘보는 온몸에 덮인 이끼 덕분에 날카로운 매 발톱의 위협에서 몸을 지키고, 너무 느려터진 신진대사 덕에 물에 빠져도 오래 버틸 수 있었다지요. 그게 바로 무시무시한 적자생존의 정글에서 살아남는 나무늘보의 생존전략이었다지요.

정전이 잦은 이곳 마을의 불빛 없는 밤하늘을 올려다봅니다. 저희 집 마당에 있는 보리수나무 아래 돗자리를 깔아 놓고 누워봅니다. 사파이어보다 더 푸르게 반짝이는 별들이 눈썹 끝으로 우박처럼 쏟아지는 것만 같습니다. 그 빛이 너무 크고 빛나고 시려서 저는 눈을 감고 맙니다. 페르시아 사람들은 하늘이 파란 이유는 하늘 저편에 거대한 사파이어가 빛나고 있기 때문이라고 믿었다지요.

그 좋아하는 술을 어떻게 참고 사느냐고요? 술을 마시고 싶으면 아침녘에 케쥴 나무줄기에 생채기를 내어 그 수액을 통에 받아 놓습니다. 한나절이면 발효가 되는 술을 혼자 먹기 아까워서 친구들을 불러다가 함께 마십니다. 마시다가 모자라면 얼른 뿌로비네 가게로 달려가서 밀주를 사다 마시기도 합니다.

달리의 그림에 맥을 잃고 축 늘어진 시계를 혹시 기억하시나요. 제가 사는 마을의 시계가 바로 그런 모습을 하고 있는 듯합니다. 자신의 내부에서만 의미를 갖고 밖의 물리적이고 계량적인, 네모반듯한 시계와는 달리 스스로 만든 시간 속에 둥글게 침묵하는 소프트 워치의 마을. 그 마을 한구석에 뜨거운 뙤약볕을 고스란히 받고 멍하니 입 벌리고 있는 붉고 허름한 우체통처럼 텅 비어 있는 시간이 저는 좋습니다.

산티니케탄에서 소식 보냅니다.

벵골 보리수

초록색 나무 뚫어지게 바라보다

흐르는 눈물, 초록 눈물이네

푸른 숲 노닐다가, 온 몸 푸른 반점

온 마음 초록 멍들

몸 곳곳에 프린트되어버린 나뭇잎 문신

오백년 살아온 나무 곁에

오백년 세월 그늘 있다

햇살 한 자락 침범 못할 오백년 세월 그늘

그 아래 누우면 그 세월 거슬러

갈 수 있을 것 같은데…….

친구가 보내온 단시(短詩). 내 친구는 정녀(貞女). 법명은 호연. 하이쿠[1]처럼 한 줄로 압축할 수 있는 삶을 살고 싶다던 친구. 나무를 이 세상 그 무엇보다도 사랑한 친구. 전생에 한곳에 붙박아 살지 못하고 떠돌던 사람이 나무로 환생한다고 철석같이 믿는 친구. 죽으면 나무로 환생하고 싶다던 친구. 호연에게서 단시를 받은 그날은 칠월 이십칠일 목요일(木曜日). 나무의 날.

단 한 그루의 나무가 숲이 된 벵골 보리수. 가지가 내려와 땅에 뿌리를 박고, 그 뿌리가 다른 가지와 얽히고 엮여 또 하나의 줄기를 만드는 나무. 가장 기이하고 낯선 방식으로 세상에서 가장 큰 나무라는 명성을 얻게 된 벵골 보리수. 전생(全生)에 걸쳐 나무를 낳고 또 낳으며 전생(轉生)하는 저 벵골 보리수의 전생(前生)은 아마도 억겁(億劫)을 떠도는 나그네였던 게지. 호연 정녀의 환생설에 따르면, 아마도.

1. 5, 7, 5의 음수율을 지닌 17자로 된 일본의 짧은 정형시

단 한 그루의 나무가 숲이 된 벵골 보리수.
전생(全生)에 걸쳐 나무를 낳고 또 낳으며 전생(轉生)하는
저 벵골 보리수의 전생(前生)은 아마도 억겁(億劫)을 떠도는 나그네였던 게지.

바라나시에서 1

내게 중요한 것은 성공이 아니야.
죄를 짓지 않는 거지.

바라나시에서 2

자신이 태어난 생일(生日)을 모르는 사람은 없지만.
자신이 죽을 기일(忌日)을 아는 사람은 없다.
아무리 잘나고 똑똑한 사람일지라도.
아무리 선견지명이 있는 예언가라 할지라도.
설령 족집게 도사일지라도.

바라나시에서 3

- 투씨 로마, 투씨 로마……

북인도의 라다크에서는 죽은 자를 화장하기 전에 승려가 망자에게 『티베트 사자(死者)의 서(書)』를 읽어준다고 한다. 망자의 영혼이 아마바타의 서방 극락정토에 도달하는 것을 돕는 독경 소리가 망자의 집을 가득 채울 때 가족과 친척과 친구들은 죽음을 애도하는 눈물을 흘리며 곡을 한다고 한다.

"투씨 로마, 투씨 로마…….”
곡소리의 뜻은 "가을에 지는 잎새 같은, 시간의 잎새”.

이토록 시적이고 은유적인 곡(哭)이라니.

SHIV GANGA SILK FACTORY
AHILYARA GHAT

바라나시에서 4
- 갠지스 강과 나비

어릴 적, 크리슈나는 큰아버지 장례를 치르기 위해 아버지를 따라 바라나시로 갔다. 아버지는 장남인 크리슈나가 인도의 정신, 인도의 영혼, 영혼의 영원성에 대해 알기를 원했다. 헌 타이어로 바닥을 댄 슬리퍼는 낡을 대로 낡아 삽날처럼 얇아져 있었다. 엄지와 검지 발가락 사이에 낀 고무 칸막이가 발가락 틈 사이를 후비듯이 파고들었다. 고향 사르나트에서 기차를 타고 무굴 사라이 역에 내려 다시 바라나시까지 버스를 갈아타고 갠지스 강에 이르는 기나긴 여정은 어린 크리슈나에게는 무척 힘든 길이었다.

딸만 셋이던 큰아버지. 여자에게는 장송을 허락하지 않는 고향의 관례 때문에 큰어머니와 세 딸들은 화장터에 없었다. 작은아버지 두 명과 아버지, 그리고 어린 크리슈나. 사내 네 명이 큰아버지 시체를 에워쌌다. 아버지는 먼저 어린 크리슈나를 강가로 데리고 가서 삭도를 꺼내 아들의 머리를 밀기 시작했다. 아버지는 아무 말 없이 삭도에 힘을 주어 크리슈나의 검은 머리털을 뒤통수 중앙에 몇 가닥만 남기고 다 밀어버렸다. 머리카락을 다 밀어낸 아버지는 땀과 먼지에 전 크리슈나의 옷을 벗기고 새로 마련한 흰옷

을 입혔다. 폭 1미터에 길이 4미터 정도 되는 하얀 천을 작은아버지와 함께 크리슈나의 몸에 감아주었다.

상주가 된 열세 살의 크리슈나는 자신의 몸을 감싼 흰옷을 보며 가슴속에 먹먹하고 묵직한 무엇이 얹히는 것을 느꼈다. 죽은 사람에게 아들이 없으면 친척 중 장자에게 화장할 때 처음 불을 지피는 횃불을 쥐어주기 때문에 크리슈나는 겨우 열세 살 나이에 큰아버지의 시체가 놓인 장작더미에 불을 지펴야만 했다. 화장을 시작하기 전에 아버지와 두 작은아버지는 시체를 들어 갠지스 강물에 적셨다. 그들은 장작을 격자 형태로 쌓아 놓은 더미 위에 강물에 적신 시체를 다시 올려놓았다.

아버지는 크리슈나에게 꽃향기가 나는 향료와 노란색의 쌀가루를 섞은 것을 건네주었다. 그리고 큰아버지 몸에 그것을 천천히 뿌리면서 주위를 계속 돌았다. 마지막으로 아버지는 크리슈나에게 뜨거운 횃불을 건네주었다. 크리슈나는 머리를 강 쪽으로 향하고 장작 위에 놓인 시체 머리맡에 섰다. 심호흡을 하고 장작에 횃불을 깊숙이 들이밀었다. 불을 먹은 마른 장작들이 아연 활기를 띠면서 불길을 내뿜으며, 길고 뜨거운 불의 혓바닥으로 시체를 핥아댔다. 넘실거리는 그 불길의 뜨거움이 크리슈나에게 훅 끼쳐져, 주춤 뒤로 물러섰다.

아버지는 슬프지 않은 걸까.
크리슈나는 불길에 벌게진 아버지 얼굴에서 어떤 표정도 읽어낼 수 없었다. 아직 장가를 가지 않은 막내 작은아버지의 눈가에 눈물이 어룽어룽 번지고 있었지만, 역시 슬픈 곡조를 입 밖으로 전혀 내지 않았다.

큰아버지의 옷이 타고, 살이 타고, 뼈가 타고, 갠지스 강을 천막처럼 덮은 하늘이 붉게 타고 있었다. 큰아버지의 팔뚝이 툭, 장작더미로 떨어졌다. 장작더미 밖으로 삐죽이 나온 발은 핏기를 잃은 채 하얬다. 크리슈나는 큰아버지의 두 발을 불길 속으로 밀어 넣어주고 싶어 애가 탔다.

장작더미 아랫단으로 화장 제식에 쓴 붉은색 물감이 피처럼 줄줄 흘러내렸다. 울렁거리는 속을 진정하느라 관자놀이에 힘을 주었다. 연기가 매웠다. 크리슈나는 불땀 좋게 타오르는 불길을 들여다보다가 눈길을 돌렸다. 옆자리 빈 구덩이엔 화환이 놓여 있었다. 화장이 다 끝난 빈 구덩이 주위를 개들이 어슬렁거렸다. 가난한 상주들이 장작 값이 부족해서 덜 태웠는지 타다 만 시체의 뼈에 붙은 살점은 배고픈 개들의 몫이었다. 매캐한 연기로 희뿌연 하늘에 까마귀들이 떼 지어 선회하고 있었다.

차안과 피안, 찰나와 영원, 땅과 땅 너머 하늘은 어린 크리슈나의 이해를 넘어서는 것이었지만, 도도히 흐르는 갠지스 강을 덮는 붉은 노을빛이 어쩐지 예사롭지 않게 느껴졌다. 죽음은 단지 하나의 의식이 아니라, 인간이라면 언젠가는 맞닿을 어떤 차디찬 얼음 땅 같은 게 아닐까 하는 생각이 들었다.

아버지는 가끔 긴 막대기를 들어 장작더미를 쑤셔댔다. 불땀이 골고루 시체를 태우도록 하기 위해서였다. 바람을 머금은 세찬 불길에 펑, 뼈 터지는 소리가 났다. 얼마나 시간이 흘렀을까. 아버지는 시체를 태운 재를 긁어모았다. 그 속에는 시커먼 뼈가 하나 남아 있었다. 뼈 모양으로 봐서 그것은 복사뼈도 갈비뼈도 아닌 것 같았다. 끝까지 재로 바스라지지 않는 뼈를 의아하게 들여다보던 크리슈나에게 아버지가 추진 목소리로 말했다.
"나비(Navi)란다. 어머니의 자궁 속에 들어 있을 때 영양 공급을 받던 탯줄의 뿌리지. 나비는 어떤 불길로도 태울 수 없단다."

크리슈나는 아버지에게서 건네받은 조그만 진흙 단지에 나비와 마지막 남은 재를 정성스럽게 쓸어 담았다. 아버지는 아들의 등을 두드리며 강으로 나아가라는 손짓을 했다. 크리슈나는 다른 유족들이 하는 것처럼 단지를 들고 강물이 가슴에 잠길 때까지 걸어 들어갔다. 그리고 항아리를 조심스럽게 강물에 놓았다. 강물이 바람에 잔물결을 일으키며 단지를 강 안쪽으로 끌고 갔다. 비로소 크리슈나는 어머니 품인 갠지스 강으로 큰아버지를 떠나보낸 것 같았다.

부다가야에서
보내는 편지

지금, 제가 있는 곳은 부다가야의 마하보디 사원입니다. 인도 북동부 비하르 주에 있는 가야 시에 도착한 때는 새벽이었습니다. 부처가 깨달음을 얻게 된 곳인 부다가야는 부처가 태어나신 룸비니, 부처가 최초로 설법을 하신 녹야원, 부처가 열반에 들었던 구시나가라와 더불어 4대 성지 가운데 하나로 일컫는 곳입니다.

가야에서 부다가야까지 가는 길은 내내 자욱한 안개처럼 탁하고 축축하고 짙었습니다. 정월의 마하보디 사원은 추웠습니다. 그 추위 속에서 땀으로 등이 축축해지도록 오체투지를 하고 있는 티베트 승려들. 그리고 죽비처럼 어깨를 내리치는 겨울바람을 결연히 맞으며 결가부좌를 한 채 명상에 잠겨 있는 순례자들. 저는 그저 먼발치에서 숨죽이며 그들을 오래오래 지켜보았습니다.

덕지덕지 붙은 욕망을 내리기 위해 무두질이 잘 된 가죽처럼 손바닥이 질겨지도록, 몸이 촉루가 되도록, 그들은 수백 번 수천 번도 넘게 오체투지를 하고 있었습니다. 석가는 윤회의 굴레에서 해탈하여 열반의 불퇴전(不退轉)에 들어가라고 했다지요.

마하보디 사원을 돌아 나오는 길, 사원 바로 앞에서 저는 한 소녀를 보았습니다. 시멘트로 천장을 메운 것처럼 두 눈구멍이 살에 막혀버린 한 어린 여자아이를 말입니다. 저주받은 자신의 생을 비통해하며 울어 볼 두 눈구멍조차 없는 아이를 말입니다. 소녀는 가늘고 가녀린 어깨를 떨며 노래를 불렀습니다. 날카롭고 강파르고 공격적이고 메마른 통곡 같은 노래였습니다. 마음이 참으로 불편했습니다. 상처를 벌려 돈을 버는 소녀에게서 저는 등을 돌렸습니다. 저는 버거운 책임감보다 민망한 죄책감을 택하기로 했습니다. 이렇듯 저도 언젠가는 누군가에게 버림을 받겠지요.

그 아이를 둘러싼 순례자들의 북새통을 뚫고 최신 힌디 가요가 울려 퍼지고 있었습니다. 젊은 티베트 승려들은 그 음악에 몸을 들썩이며 달라이 라마의 사진을 팔고 있었습니다. 싸구려 중국산 전자 손목시계를 눈이 빠져라 들여다보고 있는, 머리에 기계충이 있는 어린 승려들. 그들이 있는 어지러운 화엄 세상을 뒤로하고 부처 한 분이 좌판대 위에서 오른손으로 뺨을 받치고 가로로 길게 누워 계셨습니다. 태평하게 낮잠에 드시느라 코가 뭉개진 것도 모르는 부처님을 10루피에 사고야 말았습니다. 지금 그 부처님은 구질구질 때가 낀 제 배낭 어느 틈바구니에서 졸고 계십니다.

깨달음의 땅에서 발걸음은 헛헛하고, 마음은 어떤 파동으로 절절거립니다. 해가 저물고 있습니다. 잘 벼린 칼날이 양 젖가슴 사이를 정확히 뚫고 들어오는 것 같은 이 쓸쓸함은 또 뭐란 말입니까. 보리수나무 아래에 있는 연못에 파문이 일듯이 두고 온 얼굴들이 동그랗게 동그랗게 맴맴 돕니다. 부디 몸과 마음 두루 무탈하기를 바랍니다. 안녕히.

만트라,
마음을 수호하다

마음을 다스리는 주문

옴 아 훔 바즈라 구루 파드마 싯디 훔
Om Ah Hum Vajra Guru Padma Siddhi Hum
옴 아 훔 바즈라 구루 파드마 싯디 훔
Om Ah Hum Vajra Guru Padma Siddhi Hum
옴 아 훔 바즈라 구루 파드마 싯디 훔
Om Ah Hum Vajra Guru Padma Siddhi Hum

당신에게 준 제 마음이 여태 돌아오지 않았습니다.
지켜야 할 마음조차 없는데
텅 빈 마음이 아파 죽을 것 같습니다.

'당신은 왜 진흙탕 같은 제 가슴속 깊이에서
잔뿌리들을 거두어가질 않습니까.'(한승원)

말간 연꽃 한 송이 피우지 못하는

진흙탕 같은 마음을 긍휼히 여기소서.

옴마니반메훔!

연꽃 속의 보석이여!

마하보디 탑이 보이는
게스트 하우스에서

정월 초, 나는 부다가야로 갔다. 반나절이면 아무리 느려터진 행보로도 웬만한 것은 다 둘러볼 수 있는 곳에서 2박 3일째 머무르고 있었다. 서녘 하늘에 개밥바라기별이 돋으면 부처님 손바닥 안에 든 평화로운 마을은 고즈넉한 적막 상태로 빠져들었다.

부다가야에서는 부처님 생각만 해야 하는데. 그래야 되는데. 낯선 게스트 하우스에서 나는 반야심경을 낭독할 수도 없고, 백팔번뇌를 끊어내기 위해 불퇴전의 수행을 할 수도 없었다. 낡은 와불(臥佛)처럼 침대에 누워 무료와 심심함에서 해탈하기 위한 방법을 궁리하다가 배낭 속에 넣어둔 화투를 꺼내 들었다.

고타마 시타르타[1]도 깨달음을 얻기 전에 마음의 궁핍에서 도망가기 위해 도박을 했다지, 아마. 시타르타는 엄청난 것을 걸고 도박하는 동안의 그 두렵고 가슴 조이는 불안을 사랑했다지, 아마. 미지근하고 맥 빠진 생의 한가운데에서 유독 도박을 하는 불안함 속에서만 행복, 도취감, 생의 상승한

---

1. 불교의 창시자 석가모니의 부처가 되기 전 원래 이름.

기운을 느낄 수 있기 때문에 도박을 했다지, 아마. 그 도박 속에는 시타르타가 간절히 원하는 파국인 죽음이 깃들어 있다고 여겼기 때문에 한때는 도박을 했다지, 아마.

고스톱 플레이에 필요한 정원 세 명, 광 팔고 똥 팔 인원 한 명이 있어야 하지만, 나는 혼자서 어설픈 도박꾼 네 명 흉내를 내며 게스트 하우스를 '하우스' 삼아 점당 1루피 내기 화투를 치기 시작했다. 놀음에 도끼자루 썩는 줄 모른다더니. 부처님의 가피가 함께하셨는지 화투짝은 낡은 침대 시트에 짝짝 달라붙었다. 그 밤이 더디 새기만을 고대하며 고스톱의 열락에 빠져들었다.

열두 살, 어린 나이에 나는 내기 화투를 치기 시작했다. 그때 나는 학교생활에 별 재미를 보지 못하고 있었다. 벌어먹고 사느라 등골이 휘어져 자식 한 놈이 학교를 가는지 안 가는지도 모르던, 참 좋은 시절, 내기 화투를 배웠다.

초등학교 5학년 때, 나는 할아버지를 찾아가 가끔씩 화투를 쳤다. 전직 노가다 판 십장이었던 할아버지는 섯다나 도리짓고 땡을 좋아하지만 어린 손녀에게는 민화투나 육백 혹은 삼봉을 가르쳐주었다.
할아버지가 살던 셋방 앞에는 어른 손으로 다섯 뼘쯤 되는 쪽마루가 깔려 있었다. 과제물을 살 돈으로 빵과 우유를 사 가지고 할아버지에게 갔을 때, 할아버지는 카키색 군용 담요를 마루에 깔고 화투를 떼고 있었다.

마루 앞에는 작은 여우 한두 마리는 들어가 살아도 될 만큼 큰 대숲이 있었다. 마루 끝에만 간당간당 매달려 있는 햇빛을, 바람에 쓸리는 댓잎소리가 빗자루처럼 쓰륵 스스스 쓸어내고 있었다. 나달나달해진 군용 담요에 피라미드 모양으로 화투를 깔아 놓던 할아버지는 화투를 뗄 때마다 엄지에 침을 묻혔다. 침을 묻혔는데도 잘 떼어지지 않는지 혀를 쑥 내밀어 엄지와 검지에 다시 침을 묻혔다.

나는 할아버지가 마지막 패를 올려놓는 것을 보고, 왔다는 기척을 냈다. 이미 할아버지는 군용 담요 위에 어릿거리는 내 작은 그림자를 알아차렸을지도 몰랐다. 늙은 개나 병든 고양이가 행동은 느려도 눈치만은 화살보다 더 빠르다는 것을 나는 알고 있었다.

험, 할아버지는 헛기침을 하고는 바닥에 깔린 화투의 빨간 등을 찬찬히 쓰다듬었다. 말없이 고개만 까딱하는 내 인사는 받는 둥 마는 둥, 할아버지는 털옷에 붙은 도꼬마리처럼 내 손에 들린 봉지만 쳐다보았다. 마루에 가방을 털썩 내려놓고 나는 마루 끝에 걸터앉아 봉지를 등 뒤로 밀쳐두었다. 5학년이 된 뒤로 하교시간이 늦어진 탓에 할아버지와 함께 오랜 시간 버티려면 그 수밖에 없었다.

할아버지는 마른 입맛을 다시더니 화투를 하나씩 뒤집기 시작했다. 나와 할아버지는 군용 담요를 사이에 두고 앉았다. 나는 할아버지 앞에 쭈그리고 앉아 늙은 아내처럼 일진용 화투를 하나씩 뒤집어 주었다. 북향으로 셋방을 앉혔는지 무릎이 금세 시렸다. 바람이 한차례 지나갈 때마다 대나무

숲이 깊게 울었다. 댓잎 소리가 말 없는 늙은이와 말을 잃은 계집애 사이를 서성이며 혼자 시끄러웠다.

육백을 치는 법과 셈하는 방식을 몇 분 만에 가르친 할아버지는 내게 내기 화투를 신청했다. 사실 나는 육백보다 화투로 일진 보는 법을 배우고 싶었다. 하지만 할아버지의 눈에 스쳤다 사라지는 슬픈 허기와 식탐을 끝까지 무시할 수는 없었다. 닳고 닳아 너덜너덜해진 화투는 처음 부피의 반도 안 되게 얇아진 반들반들한 군용 담요에 짝짝 잘도 달라붙었다. 내기를 걸 만한 게 아무것도 없는 할아버지와 달콤한 카스테라 빵과 신선한 우유를 가진 내가 한 내기는 하나마나 이기나마나한 승부였다. 왜냐하면 할아버지와 나는 내기가 끝난 뒤에 서로 사이좋게 반반씩 나눠 먹고 나눠 마셨기 때문이다.

그 후로도, 불타오르는 승부욕도 의지도 뜨거운 욕망도 없는 내기 화투를 한동안 계속했다. 도시락이나 과자나 빵을 사 가지고 할아버지에게 갈 때마다 나는 늙은 고양이를 거둬 먹인다는 착각에 빠지곤 했다. 할아버지는 돈도 능력도 없지만 말주변도 특별한 애정표현도 할 줄 모르는 이였다. 나는 말 없는 할아버지와 함께하는 조용한 시간들이 편했다.

나는 자랑스러운 태극기 앞에 서서 순국선열 및 호국 영령에 대한 묵념을 하고 조국과 민족을 위해 충성을 다할 것을 맹세하는 대신에, 화투 마흔여덟 장을 평등하게 나누면서도 내기에는 위아래도 없는 화투판의 오랜 토착

적 민주주의를 배웠다.

5개의 광과 2자 열끗, 다이를 셈하면서 학교에서도 배우지 못한 고급 산수를 떼었고, 내기가 끝난 다음에는 늙은이나 어린 것이나 도시락을 똑같이 반으로 나누어 먹는 한국적 민주주의를 배웠다. 내 5학년 사회 공부는 그렇게 끝이 나고, 할아버지는 그 뒤로 몇 년을 더 살아 한 세기를 꽉 채우고 입적했다.

할아버지와 함께한 5학년 열두 살 계집애의 시절은 그렇게 끝이 났다. 할아버지와 육백이나 삼봉을 치면서 나는 어떤 슬픔, 욕망, 떨거지가 된 외로움에서 벗어나는 해탈을 맛보았다. 군용 담요를 깔고 화투를 치던 쪽마루는 어린 내 마음에 그들먹하게 차오르는 치욕과 부끄러움과 쓸쓸함과 분노의 쳇바퀴에서 나를 빠져나오게 해준 진정한 법당 마루였던 셈이다.

시간이라는 뺨에 내리는
눈물방울, 타지마할

무굴제국의 황제 샤자한에게는 미치도록 사랑한 여자가 있었다. 소년 시절, 샤자한은 델리의 시장 구석에서 비단과 유리구슬을 파는 아름다운 소녀를 보고 첫눈에 반했다. 그 순간부터 소녀는 소년의 전부가 되었다. 첫 만남 이후로 5년이 지난 뒤에 그들은 부부의 연을 맺었다. 소녀의 진짜 이름은 아르주만 바누였지만 왕자는 소녀에게 뭄타즈 마할이라는 새 이름을 지어주었다. 그때 소녀는 열아홉 살이었고 왕자는 스무 살이었다.

황제 샤자한은 전쟁 통에도 만삭의 아내를 데리고 갈 만큼 사랑이 지극했다. 적군의 화살 대신 죽음의 비수를 맞은 뭄타즈 마할은 죽어가면서도 황제에게 네 가지 약속을 받아냈다. 첫째, 자신의 아름다움에 걸맞은 기념물을 세울 것. 둘째, 재혼하지 말 것. 셋째, 자식들을 사랑할 것. 넷째, 매년 자신이 죽은 날에 무덤을 찾아올 것.

뭄타즈의 죽음에 몹시 상심한 황제는 하룻밤 새에 머리카락이 하얗게 세 버렸다. 뭄타즈를 향한 황제의 사랑이 너무나 지극했기에 그는 죽은 아내

를 기리기 위해 세상에서 가장 아름다운 영묘를 세우라고 명령했다. 공사는 1631년에 시작해서 무려 22년이 걸렸다. 페르시아와 오스만제국, 심지어 유럽에서까지 2만 명의 장인과 기능공을 불러왔다. 그들이 합심해서 빚어낸 결과물이 바로 타지마할이다.

사랑이 인생의 모든 것이던 때가 있었다, 내게도. 사랑이 어떻게 변하니? 이 죽일 놈아! 나도 누군가에게 고장 난 수도꼭지처럼 눈물을 펑펑 쏟아내며 울부짖은 적이 있었다. 사랑이 아니니까 변한다는 것, 사랑은 원래 변한다는 것, 사랑은 원래 있다가도 없고 없다가도 다시 생긴다는 것을 알기까지 한 생애가 걸렸다.

심장 근육은 섬유조직으로 이루어진 물질에 불과하다. 하지만 사랑하지만 떠날 수밖에 없었던 사람을 떠올리며 무지막지한 통증을 느낄 때, 분명 심장은 독립된 개체다. 밥그릇을 걷어차는 주인에게마저 전율을 느끼며 맹목적으로 매달리는 똥개처럼 한 대상에게만 집착하는 지지리도 못난 감정. 그 처절한 애착 구조에 걸려 빠져나오지 못하면 대책 안 서는 인생이 되어버린다는 것을 깨닫기까지 한평생이 걸렸다.

한 남자의 영광과 오욕이 깃든 건축물을 보면서 나는 느낀다. 사랑은 덫이고 딜레마고 중독이며 자기애의 변형이라는 것, 독일 철학자의 말처럼, 사랑은 지독한 혼란이지만 그러나 너무나 정상적인 혼란이라는 것, 사랑을 쓰다가 틀리면 지우개로 깨끗이 지울 수 없다는 것을. 누군가는 지울 수 없어서 모든 것을 탕진해서라도 영원불멸할 무덤을 만든다는 것을.

아침엔 분홍빛을 띠고, 저녁엔 우윳빛을 띠며, 달이 빛날 때면 황금빛을 띤

다는 타지마할의 다채로운 면모처럼 사랑을 느끼는 대상은 결국 자신의 욕
망이나 결핍을 투영한 자신의 일부라는 것을. 세계에서 여덟 번째로 불가
사의한 건축물로 꼽히는 타지마할 앞에서 나는 생각한다.

사랑하는 연인을 갈라놓게 하는 건, 죽음이 아니라는 것을. 바로 시간이라
는 것을. 세월이 사랑의 유통 기한을 만들어낸다는 것을. 샤자한이 뭄타즈
마할을 죽어도 잊지 못하는 건, 일상 속에서 지리멸렬한 싸움을 하고 세월
속에서 풍화작용을 거치지 못했기 때문이라는 것을.

하여, 타지마할은 견고한 대리석 건축물이 아니라 '시간이라는 뺨에 내리는
눈물방울(타고르)'이라는 것을. 그래서 그토록 아름답다는 것을.

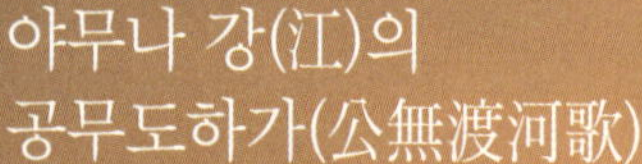

야무나 강(江)의
공무도하가(公無渡河歌)

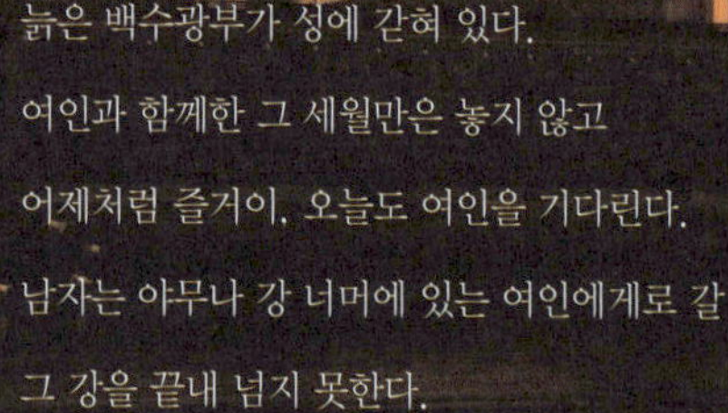

늙은 백수광부가 성에 갇혀 있다.

여인과 함께한 그 세월만은 놓지 않고

어제처럼 즐거이, 오늘도 여인을 기다린다.

남자는 야무나 강 너머에 있는 여인에게로 갈

그 강을 끝내 넘지 못한다.

공무도하(公無渡河), 그대여 물을 건너지 마오.

남자는 버림받았다는 것을 알아채지

못, 한다, 아니, 않는다,

공경도하(公竟渡河), 그대 그예 물을 건너시네.

그 남자, 여인을 잊지 않는다,

잊지 않음으로,

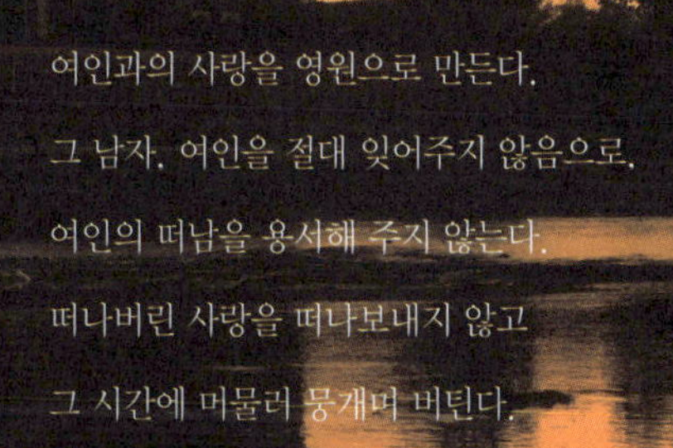

여인과의 사랑을 영원으로 만든다.

그 남자, 여인을 절대 잊어주지 않음으로,

여인의 떠남을 용서해 주지 않는다.

떠나버린 사랑을 떠나보내지 않고

그 시간에 머물러 뭉개며 버틴다.

타하이사(墮河而死), 물에 빠져 죽으니.

저무는 석양에 속이 벌겋게 문드러지는

백수광부 대신

수많은 인파가 흰 구더기로 끓어오르는,

사랑의 욕창, 타지마할

당내공하(當奈公何), 이제 그대 어이하리.

스리나가르,
아시아의 스위스

한때 아시아의 스위스라고 불렸다던 인도 북서부에 위치한 스리나가르는 완전무장을 한 인도 군인들로 인해 살풍경이 되어 있었다. 군용 트럭 안에 앉아 있는 군인들의 얼굴은 못이 박힌 것처럼 딱딱하게 굳어 있었다. 도시의 공기는 군용 트럭과 오토바이를 개조한 릭샤의 배기구에서 나오는 덜 삭은 휘발유 연기로 매캐했다.

얼룩무늬 군복을 입은 계엄군과 기름칠이 번들거리는 총신, 최루탄과 곤봉과 장갑차가 남도의 소도시를 점령한 때가 떠올라 나는 눈시울이 뜨거워졌다.

키 크고 우중충한 침엽수림들이 거리에 깊은 그늘을 드리우고, 그 그늘 사이사이에 벽돌 공장 같은 집들이 서 있었다. 도시의 외곽을 에두르며 흐르는 달(Dal) 호수만이 시퍼런 생기를 띠고 있었다. 시월의 스리나가르는 가을의 청명한 햇빛에도 어쩐지 석판화에 찍힌 풍경처럼 소슬하고 까칠했다.

파키스탄과 인도와 아프가니스탄과 중국이 서로 갖고 싶어 환장하는 곳, 카슈미르. 눈물겹도록 아름다운 카슈미르에서는 수시로 시내 한복판에서

FERRY GHAT
OFFICE OF THE INSPECTOR OF POLICE
GOVT. RLY. POLICE (TRAFFIC) HOWRAH

폭탄이 터졌고, 완전무장한 인도 군인들이 장전한 총을 찬 채 군용 트럭을 타고 무시로 거리를 활보하고 다녔다.

카슈미르의 분리주의자들은 수시로 암살을 당하고, 아들을 잃은 무슬림 어머니들은 부르카를 뒤집어쓰고 통곡을 했다. 눈이 깊고 아름다운 청년들은 해시시와 대마초에 절어 있고, 손가락이 희고 가는 어린 소녀들은 먹고 살기 위해 카펫을 짰다. 타르부시를 머리에 쓴 늙은 무슬림 사내들은 손끝이 타들어가도록 줄담배를 피워대고, 숨이 막히도록 고혹적인 북인도 처녀들은 머리에 쓴 검은 부르카의 그늘을 이마에 드리운 채 손으로 입을 가리고 자꾸 웃었다.

스리나가르에는 사이핀과 사자드의 결혼식을 축하하기 위해 이방에서 온 친구들이 있었다. 20여 년이 넘도록 조국에 단 한 번도 들러본 적 없이 세계 각처 발 닿는 곳, 마음 이끄는 곳에 여장을 풀고 머물다 떠나곤 한다는 43살의 폴란드 처자, 헤겔을 비롯한 유럽 철학자들이 끔찍이 싫어서 동양 철학을 공부하러 인도에 왔다는 세르비아 몬테네그로(전 유고슬라비아) 출신의 23살 금발 미녀, 자신의 조국을 그저 케냐 밑에 있는 작은 공화국이라고 설명하면서 산스크리트어를 공부하기 위해 인도까지 왔다던 과묵한 흑인 청년, 만화 잡지에서 갓 튀어나온 것처럼 귀여운 스무 살 태국 아가씨와 자신의 조국은 오래전에 유럽 남자들의 노리개로 전락해버렸다고 자조하던 태국 청년, 미국 자본주의 사회의 철저한 부적응자라고 자신을 소개하면서, 이제는 오직 동양 정신 속에 구원이 있다고 믿기 때문에 인도에 왔다던 35살의 미국 청년 그리고 사자드의 고향 친구들······.

인도에서 독립하기를 원하는 분리주의자들을 발본색원하는 분위기 속에서 목숨을 건 투쟁을 할 수도 없고 인도인으로 살 수도 없는 어정쩡한 자신들의 위치에 대해 아파하고 힘들어하던 카슈미르의 청년들. 독립국가의 꿈은 너무나 멀고 험해서 해시시를 피워대거나 독한 알코올을 마셔대며 뜨겁고 아픈 청춘을 가까스로 버티던 카슈미르의 무슬림 청년들.

역사의 통계 놀음에서 죽음은 숫자 뒤로 사라져 버리고, 역사, 더 정확히 말해서 우리의 삶에 관계하는 역사는 꽉 막힌 변소와도 같다고 말한 사람은 노작가 권터 그라스다. 한때 아시아의 스위스였다던 카슈미르는 앞뒤 꽉 막힌 변소와도 같은 역사를 어떻게 뚫고 치울 것인가.

달이 뜨는
달 호수(Dal Lake)

사람들에게서 잠시 떨어져 있고 싶어서 달 호수가 있는 보트하우스에 머물렀습니다. 이름도 어여쁜 달 호수.

스리나가르 시가지 북동쪽에 있는 달 호수는 너비로나 폭으로나 깊이로나 제가 이제까지 봐온 호수 중에서 가장 압권이었습니다. 달 호수와 연결된 몇 개의 작은 호수들을 이곳 사람들은 골든 레이크라고 부르더군요. 골든 레이크 위에 수십 척의 하우스보트가 잇대어 있는 모습도 볼만합니다.

저는 하우스보트 객실 한 칸을 빌렸습니다. 그저 하릴없이 난간에 기대어 작은 쪽배 양끝에 나눠 탄 오뉘가 노를 저어 등교하는 모습이나, 연밥을 한 가득 배에 싣고 집으로 분주히 노를 젓는 아낙네의 모습을 하염없이 쳐다보았습니다. 저녁이면 맑고 시린 공기 때문에 콧구멍 안쪽이 얼얼해지곤 했습니다. 밤새도록 노 저어 어딘가로 향하는 배의 찰박거리는 물소리를 들으며 잠이 들고, 새벽안개가 스르륵 내려앉는 소리에 잠에서 깨어났습니다. 저는 지금 부레옥잠처럼 물 위에 떠 있습니다.

지난번에 당신이 보내주신 편지를 배낭에서 꺼내 다시 읽습니다. 당신은 제게 부부자(浮浮子), 즉 떠도는 사람에 대한 이야기가 적힌 다산 정약용의 글로 편지를 대신하셨지요.

"물고기는 부레로 떠다니고 새는 날개로 떠다니며 물거품은 공기로 떠다니고 구름과 노을은 증기로 떠다닙니다. 해와 달은 움직여 굴러다님으로써 떠다니고 별들은 밧줄로 묶여서 떠 있습니다. 하늘은 태허로 떠 있고 땅은 작은 구멍들로 떠 있어서 만물을 싣고 억조창생을 싣습니다. 이렇게 본다면 천하에 떠다니지 않은 것이 있습니까? 지금 천하가 온통 떠다닙니다. 저 꽃과 약초, 샘과 바위들은 모두 나와 함께 떠다니는 것들입니다. 떠다니다 서로 만나면 기뻐하고 떠다니다 서로 헤어지면 시원스레 잊어버리면 그만일 뿐입니다. 무어 안 될 것이 있겠습니까? 떠다니는 것은 전혀 슬픈 일이 아닙니다."

뜬세상이 허무하네, 이별이 서럽네, 떠도는 것이 슬프네, 인생이 시네 떫네, 말 많고 엄살 많은 저를 나무라시는 걸로 받아들이지 않으려고 합니다. 천하가 온통 떠다녀도 별들은 밧줄로 묶여 있다지요. 더구나 당신을 아직 만나지도 않았는데 시원스레 잊어버릴 수는 없는 노릇입니다. 바라고 바라건대, 떠돌다 어느 길목에서 우연이라도 서로 만나기를……. 그런 만남에 대한 기약이 있어야만 떠다니는 게 전혀 슬픈 일이 아닐 테지요.

매직 아워
(Magic Hour)

어둠이 젖히고 보랏빛 섞인 진한 파란색 하늘이 드러나는 새벽녘을 매직 아워라고 한다지요. 하늘은 동트는 빛으로 밝아오지만 땅은 먹물 빛으로 여전히 어두운 시간. 그 매직 아워에 역사(驛舍) 밖 어슴푸레하던 낡은 건물과 사람들이 점점 제 모습을 뚜렷하게 드러내는 것을 보았어요.

철도 파업으로 인해 저녁 8시에 떠나기로 한 기차는 오지 않고, 10시간째 불빛이 희미한 비좁은 대합실에서 앉지도 눕지도 못한 채 오도카니 서서 기차를 기다리다 맞이한 새벽녘, 그 매직 아워의 쓸쓸함이라니요. 10시간째 오지 않는 기차를 기다리면서도 아무런 불평도 하지 않고 묵묵히 기다리던 사람들의 무지막지한 인내심이라니요. 잠을 설쳐 벌게진 눈알로 스며들던 보랏빛의 서늘함이라니요. 하룻밤 새 한 뼘은 줄어든 내 그림자의 수척함이라니요. 어린 짜이왈라가 파는 뜨끈한 꼬피(커피) 한 잔이 빈 위장으로 흘러 들어갈 때의 그 찌릿한 황홀함이라니요. 사막처럼 건조한 기다림 끝에 침목을 밟으며 삐거덕거리며 달려오던 새벽 기차의 아름다움이라니요. 인도가 아니라면 경험하지 못할 매직 아워였습니다.

그저 얻어지는 게 없다는
측면에서, 길은 진실했다

인도 여행은 힘들다. 물리적 힘을 고되게 요구하기 때문이다. 목적지까지 무사히 당도하기 위해서는 생각하고 자시고 할 여유가 없다. 생각을 돌아볼 여유 없이 배낭을 들고 기차를 향해 냅다 뛰고, 발이 띵띵 붓게 만드는 고된 길을 감당하며 묵묵히 걷다보면 좀 더 가벼워지고 자유로워진 자신과 만나게 된다. 여행은 정신을 끌고 가는 게 아니라 몸과 함께 가는 길이다.

몸으로 길바닥과 만나고, 몸으로 사원에 엎드리고, 몸으로 밥을 비비고, 강물에 몸을 적시고, 딱딱한 침대와 몸을 섞다보면, 그 몸속에 인도의 영혼이 시나브로 소리 없이 깃드는 것을 알게 될 것이다. 가만히 앉아서 자신이 누구인가라는 실존의 물음을 던지면 바닥이 보이지 않는 자의식의 우물로 가라앉기만 할 뿐. 그러니 어디에 있는지 알지 못하는 자아를 찾으려면 그저 입 닥치고 길바닥으로 나설 밖에.

©Andrey Bayda / Shutterstock.com

Part 3

내가 인도에
살았다는 것을
증명해주는
착한 존재들

인도에서 만난 사람들

사람의 온도

열정적인 사람은 감정의 온도 때문에
따뜻한 느낌을 준다.

체온이 있는 풍경

세상에서 가장 따뜻한 온기는 사람의 체온이고,
제일 아름다운 풍경은 사람이 속해 있는 풍경이다.

벵골의 밤,
벵골의 여인들

이십여 년 전, 미르세아 엘리아데의 장편소설 『벵갈의 밤』(세계사 刊)을 읽은 적이 있다. 소설 속 주인공은 삼각주 수로 사업의 설계사로 콜카타에 온 청년 알렌. 로터리 클럽 회원이고 국적과 유럽혈통에 대해 자부심을 느끼는 청년. 물리 수학 서적을 탐독하고 정성을 다해 일기를 쓰면서 식민지에서 우월한 백인생활을 즐기는 청년. 알렌이 벵골 처녀인 마야트레이를 처음으로 조우하면서 느낀 경이감과 충격, 불안한 감정이 고스란히 드러난 묘사로 소설은 시작된다.

"그 여인을 보았을 때 나는 묘한 경멸이 뒤섞인 이상한 전율을 느꼈다. 너무 큰 검은 눈, 두터운 입술, 벵골 처녀의 너무 조숙하게 발달한 가슴이 내겐 추해 보였다. 여인이 인사하려고 손바닥을 이마에 대자 한눈에 팔이 드러났다. 그 피부색이 놀라웠다. 그때까지 내겐 미지의 색인 진흙과 밀랍을 섞은 듯한 무광택의 갈색."
낯선 이방 청년의 눈에 비친 이질적이고도 매혹적인 벵골 여인에 대한 묘사는, 짙은 향이 감돌고 뱀이 우글거리는 덤불을 불태울 만큼 뜨겁다고 묘

사한 아열대의 열기만큼 강렬하게 내 뇌리를 파고들었다.

알렌이 재차 조우하게 된 여인에 대한 묘사는 다음과 같다.

"옅은 차(茶)처럼 밝은 사리를 입고 은실로 수놓은 백색 슬리퍼, 황색 체리 빛 숄을 걸친 마야트레이는 전보다 훨씬 아름답게 보였다. 이 감춰진 육체 속에선 지나치게 검은 곱슬머리, 몹시 큰 검은 눈과 붉은 입술이 신비로운 나머지 비현실적이며 동물적인 생기를 드러냈다. 나는 약간의 호기심을 갖고 마야트레이를 관찰했다. 실크 같이 유연하고 항상 겁먹은 듯한 수줍은 미소, 매 순간마다 새로운 음색을 내는 다양한 목소리를 지닌 이 피조물이 숨기고 있는 신비를 포착할 수 없었다."

백인 문명 전수자로서 발휘하는 활동력, 인도에 베푸는 봉사에 대한 확고한 신념, 활력과 오만이 가득한 개척자적 자아로 똘똘 뭉친 스물네 살 알렌에게 스물여섯 살 적의 나는 감정을 이입하기가 참으로 불편하고 거북스럽기 짝이 없었다. 하지만 '시간을 초월한 영원불멸의 존재 속으로 관대히 자신을 맞이하는 자연. 외로운 야자수의 어슴푸레한 그늘. 안개 뒤덮인 평원. 탈진할 만한 향기를 품고 있는 아열대의 빗방울. 숨을 불같이 뜨겁게 만드는 공기. 작열하는 햇빛에 썩어가는 꽃들의 부패한 향기. 무수한 풀벌레와 매미소리를 들으며 석유등 밝힌 채 책을 읽고 일기를 쓰는 자유로운 삶'으로 묘사한 알렌의 벵골은 내게 거부할 수 없는 매력으로 다가왔다.

이십여 년이 흐른 뒤에야, 나는 비로소 벵골에 왔다. 무엇보다 벵골의 여인에게 관심이 갔다. 이십 대의 들척지근한 감수성은 눈을 씻고 닦고 문질러 봐도 찾아볼 길 없는 아줌마의 눈에, 그래도, 벵골의 여인들은 참으로 아름답고 고혹적이었다. 흑단처럼 검고 긴 머리를 곱게 땋아서 뒤통수에 뙤똥하게 얹은 여인의 목덜미, 허리가 다 드러나게 짧은 블라우스에 천 한 장을 휘감은 여체의 곡선, 햇빛에 반짝거리는 십여 개의 화려한 팔찌가 쩔렁대는 가느다란 팔목, 진흙과 밀랍을 섞은 듯한 무광택의 갈색 피부, 커다랗고 검은 눈, 사시사철 헐벗은 맨발…….

우리나라 개량한복 같은 살르와까미즈 교복을 입고 머플러 같이 얇은 천을 목에 휘두르고 자전거를 타고 등교하던 파과기(破瓜期)의 달콤한 망고 같은 소녀들. 이른 아침 눈이 시릴 만큼 희고 고운 치아 사이로 맑고 천진한 웃음을 터트리며 지나가던 벵골의 소녀들. 형광빛이 도는 흰 블라우스에 터질 듯한 엉덩이를 꽉 조이는 청바지를 입고 아찔한 높이의 힐을 신은 채 파크 스트리트를 활보하던 오만한 눈빛과 태도의 벵골 모던 걸들. 전통 사리 대신 중세 수녀처럼 머리에 부르카를 쓰고 온몸을 감추는 검은색 옷차림을 한 채 수줍게 웃던 콜카타 대학교의 인문대학 무슬림 처녀들.

구아바처럼 단단하면서도 망고처럼 달콤하고, 바나나처럼 부드러우면서도 두리안의 비늘조각처럼 까칠하고, 그린 파파야처럼 탱글탱글하던 벵골의 여인들. 깊고 검은 벵골의 밤에 더욱 빛나던 벵골의 여인들.

브라만 청년의
우파나야나

콜카타 대학에서 한국어를 배우는 무코파다야이 고빨푸르 (Mukhopadayay Gopalpur) 씨(氏)는 서른셋의 순수 벵골 총각이었다. 나에게 자신을 그냥 '보비(Bobby)'라고 불러달라고 했다. 보비는 나를 '선쌩님'이라고 불렀다.

잘 다듬은 일자 콧수염에 빳빳하게 다림질을 한 긴 소매 셔츠를 입은 보비는 학생이 아니라 마치 콜카타 대학 교직원 같은 인상이었다. 이 염천에 왜 긴소매 옷을 고집하느냐고 묻는 내게 상위 카스트 남자들은 저잣거리의 비루한 남자들처럼 함부로 팔을 드러내지 않는다고 했다. 콧수염에 땀이 차거나 음식물이 묻으면 불편하지 않느냐는 내 철없는 질문에 보비는 성인 남자의 콧수염은 그냥 털이 아니라 매력적인 남성성의 상징이라고 말해주었다. 마르다 못해 비쩍 곯은 보비의 열 손가락엔 언제나 커팅이 조악한 보석이 박힌 반지 다섯 개가 끼워져 있었다. 장가도 가지 않았는데 왜 반지를 그렇게 줄레줄레 끼었느냐고 물어보면 반지는 장식이 아니라 남자의 품격과 부와 행운을 상징한다고 설명해주었다. 앞으로 열 개쯤 되는 반지를 끼게 될 날이 올 거라는 말도 잊지 않았다. 박학(博學)과 다식(多識)과 왕성한 수다를 겸비한 자칭 엘리트이자 먹물인 보비는 자신을 포함한 인도에 대한 내 단도직입적인 질문에 언제나 이렇듯 열렬하게 응답해주었다.

변변한 직업 한 번 가져보지 못한 채 서른을 훌쩍 넘겨버린 보비는 언제나 반지보다 더 빛나는 위세를 보였고, 갠지스 강물보다 더 출렁거리며 흘러넘치는 자존감을 드러냈다.

이유는 단 하나. 벵골 사람이면 누구나 성과 이름만 듣고도 최상위 카스트라는 것을 알 수 있는 브라만, 진골 중의 진골, 수천 년을 이어온 뼈대 있는 골품(骨品) 출신이라는 것.

보비는 내게 브라만 남자의 생에 대한 이야기를 해주었다.

"남자는 울지 않는다. 풀무에서 정련된 무쇠처럼 강해야 한다."

태어나자마자 어둠 속에서 눈을 뜬 새처럼 남자들의 세계에서 갖춰야 할 자세에 대한 금언(金言)을 보비는 아버지께 배웠다. 아버지는 보비의 핏줄이자, 신앙이자, 스승이자, 구루이자, 일용할 양식이었다.

죽음 앞에서도 두렵다고 칭얼거리지 않고, 슬픔 속에서도 침묵하고, 고통과 마주쳐도 비명 지르지 않고, 이별 앞에서도 영혼을 비틀지 않는 것. 그것은 바로 브라만 카스트를 가진 남자가 평생 견지해야 할 위엄이라는 것을 배우며 자랐다. 남자는 자신의 눈물과 투쟁하며 싸워 나갈 때 진정한 남자에게 어울리는 통제력을 얻는다는 것을 보비는 어릴 때부터 배웠다.

보비는 열네 살이 되던 해, '우파나야나'를 치렀다. 우파나야나는 생의 두 번째 탄생을 뜻하는 성인식을 이르는 말이다. 아버지는 어린 보비의 머리통에 난 모든 터럭을 삭도(削刀)로 밀어버리고 동그랗게 올라온 뒤통수 한가운데에 말총 같은 머리털 몇 개만 남겨두었다. 성인식을 치르는 십삼 일 동안 해가 뜨고 질 때까지 모든 음식을 금하고 오로지 물만 허락했다. 아버지는 뜨겁게 달군 바늘로 보비의 양 귓불을 뚫어주었다. 당연히 우는 것은 물론이거니와 신음 소리조차 내지 않아야 했다. 고통이야말로 성인이라는 새로운 존재로 재탄생하기 위해 거쳐야 할 제의적인 가치니까.

어머니가 직접 물레를 돌려 자은 희고 고운 면실을 건네받은 아버지는 솜털이 보송보송한 아들의 목에 아홉 번을 감아주었다. 음식을 금하고 몸을 비우는 것, 불로 몸을 뚫는 것, 순결한 실로 마치 탯줄처럼 목을 감는 것, 이 모든 행위들이 끝난 뒤에야 비로소 보비는 실을 두른 자(者)라는 '뒤쟈(dwija)', 즉 참된 브라만 남자가 될 수 있었다.

하지만 보비는 브라만이라는 카스트가 가끔씩 볼품없고 거추장스러운 족쇄처럼 여겨진다고 고백하기도 했다. 자신에게 필요한 영양분은 사나이의 뼈를 튼튼하게 해주는 칼슘도 철분도 아닌 비타민 엠(M)이라고 했다. 나는 비타민 엠이 마그네슘을 말하는 것이냐고 물었다. 보비는 인도 젊은이 사이에서는 머니(Money)를 비타민 엠이라는 은어로 돌려서 말한다고 했다. 비타민 엠을 벌기 위해서 보비는 한국에 가고 싶다고 했다. 한국에서 박사 학위를 받아 귀국한 뒤에 콜카타 대학 언어학과 교수가 되고 싶다고 했다. 공부만 하다가 장가도 못 간 총각 귀신이 되면 어쩌려고 그러냐는 내 우문에 브라만 카스트에 고급 직업을 겸비한 남자는 서른 살이나 어리고 예쁘며 살결이 흰 처녀와도 결혼할 수 있다고 뻔뻔스럽게 대답했다.

고통과 마주쳐도 비명 지르지 않고,
이별 앞에서도 영혼을 비틀지 않는 것. 그것은 바로 브라만 카스트를 가진
남자가 평생 견지해야 할 위엄이라는 것을 배우며 자랐다.

아무려나. 여기는 인도니까. 아무려나. 인도만 그런가, 뭐.

나는 보비에게 사랑이 무엇이냐고 물었다. 사랑해 본 적이 있느냐는 말을 그렇게 에둘러 물어본 것이다. 보비는 천진스럽게도 사랑은 고스트라고 말했다. 아무에게나 보이지 않지만 자신의 존재를 알아채는 사람에게는 실체를 드러내는 바람처럼, 영적인 사람에게만 보이는 고스트처럼, 사랑은 바로 그런 것이라고. 사랑을 발견하기 위해 심안(心眼)이라고 불리는 제삼의 눈, 우뽀나연, 즉 써드 아이(Third eye)를 밝히고자 매일 명상에 든다고 했다.
비타민 엠, 사랑은 고스트, 우뽀나연…… 검은 일자 수염을 뚫고 나온 은유적인 단어들을 들으며 나는 어쩐지 보비가 다시 한 번 혹독한 우파나야나를 겪을 것 같다는 생각이 들었다.

크샤트리아
청년의 생

청년의 이름은 비렌드라 자스왈(Birendra Jarswal)이다. 카스트는 크샤트리아. 원래 고향은 인도 북부의 우타르프라데시. 스물일곱 살의 멀끔하게 생긴 총각인 비렌드라는 콜카타 대학 언어학과에서 한국어 과정을 수강하는 늦깎이 학생이다.

홀어머니의 귀한 장남이자 남동생 한 명과 여동생 한 명을 먹여 살리는 가장인 비렌드라는 눈이 사슴처럼 맑은 귀골(貴骨)이다. 너무 이른 나이에 남편을 여읜 어머니를 생각하면 언제나 가슴이 아프다. 비렌드라의 어머니는 장남을 위해 삼백육십오일 시바 신과 크리슈나 신[1]과 두르가 신[2]에게 꽃을 바치고 향을 피우고 기도를 한다. 그런 어머니의 사랑이 비렌드라의 가슴을 뜨겁게 풀무질한다.

비렌드라의 귀여운 남동생의 이름은 아쥰. 위너, 즉 승자를 뜻하는 이름을 가진 아쥰은 이름 때문에 외려 인생이 잘 풀리지 않는다고 툴툴거린다. 콜카타에서 몇 십 년 동안 위너로 이름을 날린 유일한 사람은 마르크스뿐이라고 생각하는 아쥰은 자신의 닉네임이 리틀 마르크스라고 내게 소개했다.

1. 힌두교의 영웅신, 목축과 관능적 사랑의 신으로 인도인이 가장 사랑하는 신 중 하나.
2. 시바 신의 부인이며 최고로 숭배받는 힌두교의 여신.

비렌드라의 어머니는 장남을 위해 삼백육십오일 시바 신과
크리슈나 신과 두르가 신에게 꽃을 바치고 향을 피우고 기도를 한다.
그런 어머니의 사랑이 비렌드라의 가슴을 뜨겁게 풀무질한다.

비렌드라는 교과서는 가지고 다니지 않아도 노키아 모바일 폰은 절대로 손에서 놓는 법이 없다. 언제나 타타 중고 승용차를 학교에 몰고 오는 멋쟁이인 비렌드라는 아무리 쪄 죽을 듯이 더워도 에어컨 없는 차의 창을 꼭꼭 닫고 다니는, 폼에 살고 폼에 죽는 사나이다.

비렌드라는 사비아 인터내셔널 컴퍼니의 부사장이다. 일 년에 한 두 차례 한국의 동대문 시장과 남대문 시장에 가서 가죽 제품을 비롯한 잡다한 일용품을 수입해다 파는 오퍼상으로 한국 제품이 넘버원이라고 생각한다.

회사의 보스는 바하마드 씨다. 대학에서 경영학을 공부한 사장은 영어와 힌디어와 벵골어와 아랍어에 능통한 엘리트다. 비렌드라는 똑똑한 보스와 함께 일하게 된 것이 행운이라고 생각한다.

비렌드라는 힌두교인이고 보스는 무슬림이다. 비렌드라는 소고기를 먹는다는 것을 단 한 번도 상상조차 해 본 적이 없고, 보스는 돼지고기를 끔찍이 혐오한다. 그러나 그들은 회식을 할 때면 특급 레스토랑에서 사이좋게 닭고기를 뜯는다.

비렌드라가 '나마스떼!' 하고 힌두식으로 인사를 하면, 보스는 '아쌀라무 알라이꿈!'이라며 무슬림식 인사로 화답한다. 다급할 때면 보스는 알라신을 부르고, 비렌드라는 성공을 기원하며 시바 신을 외친다. 그러나 초월적인 존재를 믿고 의지한다는 점에서 그들은 같다. 비렌드라는 아버지를 갠지스 강에서 화장했고, 보스는 아버지를 땅에 묻었다. 하지만 이제 그들은 각자 가족의 가장이다. 그들은 다르지만, 서로 협력한다. 무엇보다도 그들은

가족을 가장 사랑하고, 가족을 위해 돈을 더 많이 벌고 싶어 한다는 점에서
일치한다.

배화교도(拜火教徒) K

K는 자신이 인도인이자 파르시인이라고 했다. 나는 파르시인이 무엇이냐고 물었다. 한 학기 동안 나와 함께 한국어를 공부하면서도 여전히 수줍어하던 K는 조로아스터교를 믿는 사람을 일컫는 말이라고 했다. 그렇게 말하는 K의 얼굴이 잘못을 하다 들킨 소년처럼 붉어졌다. K가 마치 고해성사를 하듯이 자신의 종교를 나직하게 말한 날은 다행히도 다른 학생들은 오지 않았다. 아마 다른 힌두교인인 학생들이 있었더라면 끝내 자신의 종교를 털어놓지 않았을 것이다.

"조로아스터교라고?"

나는 도마뱀이 혓바닥으로 파리를 낚아채듯 너무도 낯설기 그지없는 조로아스터교라는 단어를 후딱 잡아채서 물어보았다. 백 년도 더 된 낡은 강의실에 까마귀 한 마리가 날아 들어와 낮게 선회를 하다가 유리창에 부딪치기를 반복하고 있었다. 칼리지 스트리트 앞을 지나가는 전차(電車)의 기적(汽笛) 소리가 강의실 안으로 포물선을 그리듯이 날아들었다.

K는 까마귀를 쳐다보던 시선을 돌려 짧게 대답했다.

"예스, 맴(Yes, Mam)."

"불을 숭배(fire-worship)한다는 그 종교를 말하는 거냐?"

내 머릿속에서 빠른 속도로 기독교, 불교, 힌두교, 이슬람교, 그리스 정교……등등 몇 개의 단어들이 스쳐 지나갔다. 기특하게도 조로아스터교에 이어 배화교(拜火敎), 그리고 불이라는 연상 단어가 이끌려나왔다. 나는 어느새 제단에는 향목(香木)이 쌓여 있고, 태양 빛으로 점화한 불이 불사조의 날개처럼 퍼덕이는 모습을 상상하고 있었다.

"예스, 맴(Yes, Mam)."

K는 만화 같은 상상을 하고 있는 내 머리통을 들여다보고 있다는 듯이 그저 빙그레 웃으며 대답했다.

학생들 대부분이 힌두교인인지라 내게 조로아스터 신도라고 처음으로 밝힌 K가 갑자기 비의로 가득 찬 신비로운 인물처럼 보였다. 여전히 까마귀는 밖으로 나가는 출구를 찾지 못하고 유리창에 날개를 세차게 부딪치고 있었다. K는 자리에서 일어나 아귀가 잘 맞지 않아서 뻑뻑한 유리창을 힘주어 열었다. 열린 공간으로 까마귀가 날아갔다. 까마귀가 날아간 뒤에도 K는 한참을 유리창 밖으로 고개를 내밀고 새의 흔적을 쫓았다. 아마도 대책 없이 들이대며 조로아스터교에 대해 캐물을 선생에 대한 부담감을 그렇게나마 덜어냈을 터였다.

조상 대대로 조로아스터교를 믿었다는 K는 한 학기 내내 빙긋이 웃기만 할 뿐 유달리 말수가 적은 청년이었다. 10억이 넘는 인도인들 중 소수점 이하의 퍼센트에 불과할 조로아스터교 신도로 살아간다는 것이 어떤 것인지 사실 나는 상상도 할 수 없었다.

불과 태양과 별을 섬기고, 화장이나 매장 대신 조장(鳥葬)의 장례풍습을 잇고, 이교도들과는 결혼을 하지 않는다는 백과사전식 설명은 조로아스터교에 무지몽매한 나에게 암몬조개 화석의 연대를 알려주는 것이나 별반 다를 바 없는 것이었다.

K가 숭배하는 게 불(火)이든, 아후라 마즈다 신(神)이든, 그건 중요한 게 아닐지도 모른다. 다만 K에게 생명을 주고, 숨결을 주고, 깊이를 주고, 절실함을 주는 초월적 존재의 떨림을 간직하고 있는 것이 중요할 터. 무엇보다 조금은 은밀하고 부끄러워하는 종교적 내향성이 어쩐지 믿음이 갔다. 인도에서 밀교(密敎)로 취급을 받지만 아름다운 불을 피우고 새를 날려 보내듯 죽은 자를 새에게 의탁하는 조로아스터 교인을 만난 그 순간이 내게는 야릇한 느낌으로 오래 남았다. 비밀로 하자는 말을 굳이 하지 않았는데도, 그 이후로 K도 나도 종교에 대해서는 입도 뻥긋하지 않았다.

하레 크리슈나,
하레 크리슈나

제 이름은 얼룩입니다. 스물네 살 청년입니다. 저는 콜카타 북쪽 동네에 있는 쌀집 큰아들입니다. 저는 크리슈나 파(派)입니다. 교리는 15세기 벵골의 성자인 차이타니아의 크리슈나 신앙에 바탕을 두고 있습니다. 차이타니아는 크리슈나의 정서적이고 관능적인 신애행위(信愛行爲)를 무엇보다 중시합니다. 그렇습니다. 제가 믿는 종교가 가장 중요하게 여기는 것은 바로 '사랑'입니다. 하지만 제 종교를 사람들 앞에서 당당하게 말하지 못합니다. 종교 교리인 사랑은 주로 간통에 속하는 사랑이기도 하거니와 정통 힌두를 비판하고 있기 때문입니다. 제가 믿는 종교의 신(神)인 크리슈나가 유부녀인 라다를 사랑하게 된 이후로 저희는 남의 여자나 아내를 사랑하는 것에 다른 종교인들처럼 과도하게 히스테리나 발작을 일으키지 않습니다.

크리슈나가 숲속에서 신비롭고 달콤한 선율이 흐르는 피리를 불어 90만 명이나 되는 목동의 아내와 딸을 유혹한 이야기는 지금도 제 피를 뜨겁게 합니다. 크리슈나가 정열적으로 격렬한 춤을 추면서 한 사람 한 사람을 미치게 만들고 황홀하게 만들었지만 이 신이 항상 안고 있던 단 한 여자는 바로 라다였습니다.

라다와 크리슈나의 사랑은 파멸적이고, 은밀하고, 불법적이고, 반사회적인 사랑 그 자체입니다. 라다와 크리슈나의 사랑은 오로지 육체 속에 존재합니다. 크리슈나 파의 사랑은 일상적이고 평범한 모습 속에 있지 않습니다. 남자와 여자의 육체적 만남은 크리슈나와 라다가 사랑을 나누었던 신비로운 장소인 브린다반에서 완성됩니다. 남녀가 사랑을 나누는 현장이 바로 브린다반인 것입니다. 크리슈나 파 소속이 아니어도 인도의 연인들은 라다와 크리슈나처럼 뜨겁게 사랑하고 싶어 합니다. 인도의 유부녀들은 남편이 죽어 과부가 되면 브린다반으로 갑니다. 그곳에서 그네들은 크리슈나 신(神)을 사랑하며 여생을 보냅니다.

제가 살고 있는 벵골 지방엔 사랑의 재판소가 있습니다. 남의 여자를 사랑하는 간통 옹호자들과, 부부 사이의 배타적인 일부일처 사랑을 지지하는 사람들 사이에 논쟁이 벌어지곤 합니다. 사랑의 재판소에서는 저희 크리슈나 파가 승소하곤 합니다. 물론 일부일처 사랑은 사랑의 재판에서만 패소할 뿐, 일상에서는 매번 이깁니다.
크리슈나 파가 추구하는 사랑은 몸과 몸이 결합하는 사랑이며, 순수한 놀이를 의미하는 사랑입니다. 도덕과 윤리와 율법에서 해방된, 인간 삶의 중력에서 벗어난, 순수하고도 자발적이고도 해방적인 놀이가 저희 크리슈나 파가 실천하고자 하는 사랑의 행위입니다.

크리슈나 파의 남자는 본질적이고 원형적인 남자며, 태어나지 않은 남자며, 조건 속에 있지 않은 남자입니다. 라다 역시 남자의 정(精)을 구성하는 무한한 사랑 그 자체입니다. 크리슈나 파의 남자는 자신의 육체 속에 잠자고 있는 신성한 성력(性力)을 일깨우고자 합니다. 육체는 더 이상 고통의 근원이 아닙니다. 육체는 사랑의 놀이터입니다.

크리슈나 파에 대한 제 설명이 매우 불가사의하고, 역겹고, 불편하고, 비밀스럽게 느껴질 것입니다. 사람들 대부분은 윤리적인 분노를 표현하는 것을 좋아하지요. 왜냐고요? 자신들이 정상임을 증명하기 위한 방법으로 분노보다 더 좋은 것은 없기 때문이지요. 하지만 저에게 돌팔매질을 할 생각일랑 접으세요. 이곳은 인도고, 인도는 삼억 삼천 만이 넘는 신들이 살아 숨쉬는 신의 나라거든요. 한국에도 '사랑하다 죽어버려라' 하고 외치는 시인이 있다면서요? 혹시 그분도 크리슈나 파 아닌가요? 그나저나 당신은 무슨 파(派)세요?

스케쥴드 카스트, 슈크라

대학에서 처음으로 한국어를 배우는 학생들을 만나게 되었을 때, 우리는 서로에 대해 궁금한 것을 묻는 것으로 수업을 시작했다. 나는 그 어떤 것보다 두 가지가 궁금했다. 하나는 왜 한국어를 배우는가. 또 하나는 학생들 각자의 카스트는 무엇인가. 물론 둘째 질문이 아주 무례하다는 것쯤은 알고 있었다. 시대가 어느 땐데. 한국에서 처음 만난 사람에게 당신이 양반이냐 상놈이냐고 물었다면 단번에 귀싸대기를 맞을 질문일 게 뻔했다. 하지만 나는 선생님이라는 이유로, 아직은 인도에 대해서 무지몽매한 외국인이라는 핑계로, 두 눈 딱 감고 불편할 질문을 던졌다.

학생들은 하나같이 자신의 카스트는 브라만이라고 했다. 유일하게 한 남학생만이 자신의 카스트는 크샤트리아라고 했다. 슈크림처럼 달콤한 느낌이 나는 슈크라(Shukra)라는 이름을 가진 여학생은 어쩐 일인지 자꾸 내 눈을 피하고 강의실 창밖으로 시선을 두고 있었다. 나는 나중에서야 출석부를 보고 슈크라의 이름 옆에 S.C라는 이니셜이 붙어 있다는 것을 알았다. 처음에는 그 이니셜이 무엇을 의미하는지 몰랐다. 그것은 바로 스케쥴드 카스트(Scheduled Cast) 즉, 지정카스트를 뜻하는 이니셜이었다. 지정카스트는 인도 정부가 상위 네 카스트에도 들지 못하는 하층 카스트들의 권리 향상을 위해 공무원 채용과 교육기관 입학시험에 우대조치를 시행하면서 만든 또 하나의 카스트였다.

S.C라는 이니셜은 표면상으로는 우대조치의 표식이지만 실상은 슈크라가 상위 카스트에 속하지 못한 하층민이라는 것을 꼼짝없이 드러내는 낙인인 셈이었다. 무슨 연유에서인지는 모르지만 슈크라는 세 번의 수업을 끝으로 더 이상 나오지 않았다. 학생 중 전화번호와 집주소를 아는 사람은 없었다. 내가 슈크라에게 닿을 수 있는 방법은 아무 것도 없었다.

한국어라는 낯선 외국어를 배우기 위해 설레는 마음으로 삼단 같은 머리를 곱게 땋고 노란색 살르와까미즈를 예쁘게 차려입고 온 처녀에게, 카스트 따위와는 아무런 상관이 없을 외국인 선생이 인도인보다 더 뻔뻔스럽고 무례하게 너의 카스트는 무엇이뇨, 라고 묻는 것에 치욕과 수치를 느꼈을 처녀에게, 나는 끝끝내 용서를 구하지 못하고 말았다. 싸가지 없고 재수 더럽게 없는 내 소행과 잔인한 구업(口業)은 천만 번 윤회를 거듭한대도 슈크라의 용서를 받지 못할 것이다.

Part 3 : 내가 인도에 살았다는 것을 증명해주는 착한 존재들

인도 조각가와 태국 사진작가
- 사자드와 사이핀

사자드는 카슈미르 출신의 이슬람 청년이다. 산티니케탄 비스바 바라티 대학교 미대에서 조각을 공부하는 예술가인 청년의 이름은 사자드. 양쪽으로 치켜 올라간 구둣솔처럼 숱 많고 짙은 눈썹, 커다랗고 시원하게 생긴 눈, 오뚝한 코, 단정한 입매를 가진 사자드는 북인도 출신답게 용모가 훤칠한 청년이었다.

어릴 때 무슨 연유에서인지 한쪽 눈의 시력을 잃어버린 사자드는 사람과 사물의 흐릿한 윤곽만을 잡아낼 수 있을 뿐이라고 했다. 조각가에게 생명이라고 할 수 있는 시력을 잃었지만 의외로 꿋꿋했다. 불확실하고 모호한 시력으로 가장 구체적이고 미적인 작업을 시도한 사자드는 작업에 필요한 건 눈이 아니라 열정과 창조력과 집념이라고 담담하게 말하곤 했다.

사이핀은 사자드의 애틋한 연인이자 내 친구이기도 한 태국 처녀다. 사이핀은 사자드와 같은 대학에서 사진을 전공하는 사진작가. 인도로 넘어오기 전에는 방콕에서 태국판 《엘르》라는 여성 잡지의 모델 사진을 찍었다고 했다. 화려한 모델들과 함께 지내기를 밥 먹듯 했을 텐데도 사이핀은 너무도

수수하고 소박했다.

수석 사진기자로 일하며 생선 가시처럼 비정하게 살이 발라진 모델들을 찍으면서 사람이 아니라 이미지로 포장한 환영들을 찍고 있는 것만 같아 두렵고 무서웠다고. 생생한 인물을 찍는 것이 아니라 광고를 위한 사물을 찍는 상업적 사진작가로 사는 생활은 자신의 생에 아무런 진실도 부여하지 않는 거짓말 같았다고. 기술적인 세련미가 늘어나면서 인정도 받게 되고 통장에 돈이 쌓여가는데도 공허했다고 말했다.

안정된 직장을 버리고 꿈을 꿀 힘을 빌려줄 수 있을 것 같은 인도에 오게 되었다고. 꿈을 꿀 힘을 빌린다는 게 도대체 무엇이냐고 묻는 사람들에게 설명할 자신은 없지만, 그 힘마저 잃기 전에, 꿈마저 잃기 전에, 떠나야 된다는 절박한 마음이 들었다고. 꿈을 꿀 힘을 빌려줄 수 있을 것 같은 인도, 그 인도에 사는 눈 맑은 사람들을 찍고 싶어 퇴직금을 들고 곧장 산티니케탄에 들어왔다고 말했다.

사이핀은 필름 한 조각을 피보다 더 아껴가며 사진을 찍었다. 렌즈에 잡힌 대상을 수십 차례 발품을 팔아가며 탐색한 다음에야 셔터를 조심스럽게 눌렀다. 방 한 칸을 줄이면 사자드의 조각용 목재를, 자신의 필름 몇 통을 더 살 수 있을 것 같아서 결혼을 하겠다던 사이핀. 마침내 그들은 연인에서 부부가 되었다.

무슬림 여인의 향기

한국어 오후 강의가 있는 날이면, 나는 언제나 한 시간쯤 먼저 학교에 도착했다. 무두질이 잘 된 가죽처럼 질기고 쫀득한 햇빛이 사위어가는 저물녘, 교문 앞 노점 찻집에서 늙은 짜이왈라가 솜씨 좋게 끓여낸 달콤한 짜이(茶)를 마시면 종일토록 더위에 지친 기력이 살아나는 기분이 들었다. 초벌구이만 한 갈색의 작은 토기에 넘칠 듯 인심 후하게 따라준 탕약 같은 뜨거운 짜이를 홀짝거리면 핏속 객열(客熱)이 치유하는 것 같았다. 짜이와 더불어 숯불에 달군 뜨거운 모래에 볶은 땅콩을 한 봉지 쥐고 몇 알씩 입에 넣어 오도독 깨물어 먹으면 깨나른한 피로감이 저만치 물러나곤 했다.

석양 붉은빛이 칼리지 스트리트의 수백 개 서점에 아스라이 깔리면 도시의 목동이 느리게 달려오는 전차를 피해 양떼 수십 마리를 몰고 지나가곤 했다. 나는 마지막 한 모금까지 털어 마신 뒤 호기롭게 토기를 바닥에 던지는 대신에 어깨에 멘 가방 안에 집어넣으며 여전히 낯설기만 한 풍경을 바라보곤 했다.

퇴근길 대학 교직원들과 직장인들이 오가는 소란스러운 콜카타 대학 앞.

풍경은 때론 과거를 도도록하게 비춰주는 거울이자
온갖 후각과 시각과 촉각이 예민하게 되살아나도록 만드는 촉매제가 되기도 한다는 것을,
인도에 와서 알게 되었다.

그 풍경을 불쑥 비집고 들어오는 것만 같은 아름다운 처녀들이 다정하게 팔짱을 끼고 귓속말을 하듯이 소곤거리며 내 앞을 지나갔다. 까만색 부르카를 쓴 무슬림 두 처녀는 까만색 우산과 차파티 크기만 한 대학 노트를 옆구리에 낀 채 무엇이 그리 즐거운지 깨소금 같이 고소한 웃음을 짓고 있었다.

처녀들이 스쳐 지나가자 치자꽃 내음 같기도 한 성숙한 여인의 향기, 휑한 콧구멍 속으로 퍼져 나가는 달콤한 처녀의 향기, 퍽 잘 익은 수밀도에서 터져 나오는 듯한 잘 익은 살의 향기가 슬며시 코끝에 끼쳤다. 그 향기는 아주 아주 어릴 적에 맡은 그립고도 살가운 여인의 냄새였다.

풍경은 때론 과거를 도도록하게 비춰주는 거울이자 온갖 후각과 시각과 촉각이 예민하게 되살아나도록 만드는 촉매제가 되기도 한다는 것을, 인도에 와서 알게 되었다.

잉글리시 보디,
쿰 발로!

짜누는 나보다 다섯 살이나 어린 여자였다. 사십 킬로그램이 채 되지 않는 작은 짜누. 열세 살에 시집가서 열네 살에 첫 딸을 낳고, 연거푸 두 딸을 더 낳은 뒤 한국처럼 아들을 좋아하는 이곳 풍습에 따라 마지막으로 아들을 낳은 여자. 큰딸이 열여섯 살에 시집을 가서 아들 손자를 본 할머니이기도 한 여자, 짜누. 짜누의 냄새, 얼굴에 퍼진 잔주름, 늘어진 젖가슴, 노동으로 뭉툭해진 까만 손, 세상 어떤 글도 해독하지 못하는 문맹인 이 여인에게서는 짭조름한 소금 냄새가 나곤 했다.

웃을 때면 희고 고른 치열이 투명한 석류처럼 반짝이던 짜누. 웃을 때, 비로소 짜누는 삼십 대 여자로 돌아가곤 했다. 보색이 전혀 맞지 않는 천으로 덧대고 기운 사리. 그 속에 가려진 가늘고 가녀린 짜누의 몸. 사리 자락으로 뜨거운 햇빛을 가리고, 길거리의 매연과 먼지를 막고, 세상 남자들의 시선을 가리고, 이마의 땀을 닦던 짜누. 테이블의 물기를 훔치고, 손잡이 없는 뜨거운 냄비를 쥐고, 몇 푼 되지 않는 동전을 싸매고, 때로는 눈물을 닦던 짜누. 눈썹과 눈썹 사이에 붙인 빨간 띱이 땀으로 떨어져 나갈 때면 마

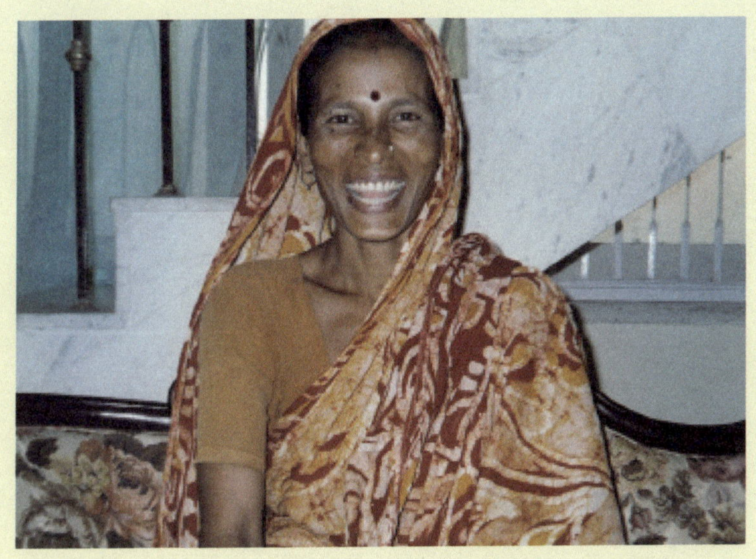

치 껌을 붙였다 떼듯이 띱을 떼어내며 잠깐 동안 처녀가 되었노라고 너스레를 떨던 짜누. 오른쪽 콧방울을 뚫고 나온 작은 인조 보석을 보고 내가 소도 아니면서 왜 코를 뚫었냐고 물었을 때, 짜누는 남편을 위해서, 라고 너무도 간단히 대답했다. 남편의 정기(精氣)가 여자의 콧속에 갇혀 사그라질까봐 불에 달군 쇠꼬챙이로 뚫었다고.

처음 우리 집에 일하러 오던 날부터 몇 달 동안 짜누는 아무리 사정을 해도 부엌 바닥에 앉아 짜이를 마셨다. 짜누의 팔목이 너무 가늘어서 제대로 걸레를 비틀어 짜지 못한 탓에 부엌 바닥은 언제나 질척거렸다. 그 바닥에 맨 엉덩이를 대고, 부엌 바닥에 짜이를 놓고 먹는 꼴이 너무 보기 싫어서, 나는 짜누의 손을 억지로 이끌어 식탁 의자에 앉혔다. 짜누는 의자 끝에 엉덩이만 간신히 걸치고 앉아 있다가 위층 주인집에서 덜그럭거리는 작은 소리만 나도 소스라치게 놀라며 바닥으로 주저앉곤 했다. 어쩌다 주인집 아줌마와 마주치면, 잘못한 것도 없으면서 목을 자라처럼 움츠렸다.

그 소심하고 주눅 든 모습을 볼 때마다 나는 뭐라 말할 수 없을 만큼 슬퍼졌다. 바닥에서 높이가 겨우 칠십 센티미터인 의자로 짜누를 끌어올리는 데 걸린 시간은 내가 인도에서 수저 없이 맨손으로 밥을 카레 국물에 비벼 먹고, 화장지를 사용하지 않고 물로 뒷일을 해결하는 데 걸린 시간과 엇비슷했다. 육체와 마음에 스며든 질기고도 서글픈 관성으로 생의 바닥을 기어간다는 점에서 나와 짜누는 다를 바 없었다.

"짜누 짜이, 쿰 발로!"
일이 끝나면 언제나 우리는 함께 차를 마셨다. 짜누가 끓여준 차가 세상에서 제일 맛있다고 칭찬하면 가는 허리를 비틀며 배시시 웃었다. '쿰'은 아주, 매우, 굉장히라는 뜻이고, '발로'라는 말은 좋다, 아름답다, 멋있다, 맛있다, 괜찮다는 뜻의 뱅골어. '발로!'하고 말해주면 예쁜 구슬을 선물 받은 어린 소녀처럼 무척이나 행복해했다.

"잉글리시 보디, 쿰 발로!"
칭찬에 대한 보답으로 짜누는 잉글리시 형님이 좋다고 응수했다. 짜누에겐 인도인이 아닌 외국인은 나 같은 동양인마저도 모두 영국인이다. 짜누가 아는 세상은 인도와 영국뿐.

언젠가 어느 집 울안에 핀 꽃이 너무 예뻐서 이름을 물어봤을 때, 이층 베란다에서 그네를 타고 있던 긴 타래머리를 한 아가씨는 친절하게도 내게 '그 꽃은 차이니스 플라워'라고 대답해주었다. 중국 꽃이라는 이름이 세상에 어디 있담. 인도 아가씨는 나를 중국 여자로 생각한 것이 틀림없었다. 노란 바지를 입었다는 이유만으로 자신을 미국인으로 단정하는 황당한 인도 사내 앞에서 한 일본인 여행자가 별 수 없이 고개를 끄덕였다는 말이 생각났다. 자신이 아는 만큼 대상을 판단하고, 그 오해와 편견 속에서 세상에 살 발판을 확보하는 우스꽝스러운 짓, 나도 이골이 날만큼 저지른 짓 아니던가.

두세 시간 남짓 걸리는 일이 끝나고 나면 나는 짜누에게 비스킷과 짜이와 음악을 준비해주곤 했다. 영화 〈데브다스〉의 명곡인 돌라 레(Dola Re) 음반을 틀어주면 짜누는 스스럼없이 경쾌하고 발랄한 음악에 맞추어 빗자루를 든 채로 춤을 추기도 하고, 인도 여자 가수들 특유의 콧김이 강하게 들어간 높은 성조의 가성으로 노래를 따라 부르기도 했다.

철없이 날아와 붙는 눈발
- 한 인도 사내의 사망 증명서

남자의 주소는 인천 메트로폴리탄 시티 서구 석남동.

생년월일은 68년 정월 초하루. 주민번호 뒷자리는 1000000.

이름은 산지브. 국적은 인도. 고향은 웨스트 벵갈, 노디아.

사망 시간은 2002년 7월 28일 새벽 3시 25분 이전으로 추정.

사망 장소는 자취방. 초로의 이웃집 한국인 사내가 발견.

검시 결과 자살이나 살해로 의심되는 바 없음. 직접 사인 불명.

화장과 매장의 10조 시행 조항에 의해 고인(故人)을 2002년 8월 1일 인천 메트로폴

리탄 부평동 산 57-1번지 화장터에서 화장함. 화장번호 6732. 인도 대사관으로 유

골 인계됨.

산지브의 형에게서 받은 사망 통지서. 그리고 화장 통지서. 노디아 웨스트

벵갈 인디아에서 인천시 석남동으로, 부평동 화장터까지 숨 가쁘고도 고단

한 세 번의 이주가 고스란히 드러난 증명서 두 통. 한국에서 누릴 것도 얻

을 것도 없는 떨켜, 따라지 인생임을 조롱하듯 나란히 붙어 있던 주민등록

번호 뒷자리 1다음 여섯 개의 000000. 코리안 드림을 좇아 불나방처럼 날

아들다 한 줌의 재가 되어버린 사내. 메트로폴리탄 마천루에 죽을힘을 다해 매달리다 허방으로 추락한 눈꽃. 불귀(不歸)의 객(客). 사내가 떨어진 빈자리에 악착같이 목숨 걸고 한국으로 달려들 또 다른 산지브, 산지브, 산지브들.

"방충망에 매달려 따뜻한 방을 들여다보던 눈꽃들/ 팔에 힘이 빠지는지/ 하나 둘 이십층 아래 허방으로 떨어진다/ 떨어진 빈자리/ 철없이 날아와 붙는 눈발/ 임무교대하듯/ 추락과 착지를 반복하며/ 가느다란 철사에 붙으려 바둥거린다/ 허공에 걸린 창을 목숨 걸고 날아와 매달리는 꽃송이들/ 삭풍에 몸서리치는 철망에/ 죽을 힘 다해 매달려/ 김 피어오르는 방 안의 풍경 넋 놓는다/ 무수한 눈발들 어깨 밀리면서/ 아스라한 지상/ 온기 나는 방안 그리웠을까/ 천신만고 날아와 끝까지 손 놓지 않으리라는 듯/ 유리창 속 단란한 식구들의 풍경/ 파르르 떨리는 손으로 매달려 바라보다/ 마침내 스르르 허방으로 몸 던지는데."

(전건호, 「가난한 사랑」 중에서)

모이나

아열대 콜카타에서 맞은 크리스마스. 12월인데도 어쩐지 8월의 크리스마스처럼 덥기만 한 날, 나는 시내에 있는 옥스퍼드 서점에서 모이나라는 열 살쯤 되어 보이는 키 작은 소녀를 처음 만났다.

숱 많고 짙은 눈썹 아래 커다란 눈, 새가 물어다 준 한 조각 빛나는 햇빛이 담겨 있는 강렬한 눈빛, 오뚝한 코에 앙 다문 앵두 같은 입술, 쇄골이 드러난 밋밋한 어깨, 전통 문양이 아름다운 허름한 천 한 조각을 가슴께에서부터 무릎까지 둘둘 말은 한 소녀가 내 앞에 서 있었다. 소녀는 옅은 회색빛이 감도는 몸통에 검은 줄무늬가 있는 어린 몽구스를 가슴에 끌어안고, 낡고 해진 작은 이불을 왼팔에 끼고 있었다. 아주 심하게 곱슬곱슬한 긴 머리카락을 야무지게 한 갈래로 땋은 그 소녀의 이름은 모이나.

모이나는 집시와 비슷한 낮은 계급인 셔보르 출신이었다. 셔보르의 부모들은 아무리 가난해도 딸들만은 일터로 보내지 않았다. 하지만 모이나의 엄마는 발을 절고, 아빠는 돈 벌러 아주 먼 곳으로 떠났고, 오빠인 고로는 숲에 나가 땔감을 주워야만 했다.

어린 모이나는 부잣집의 염소를 몰아주는 염소지기지만 일거리를 준 부자들에게 겸손을 떨지도, 고마워하지도 않았다. 외양간 청소도 하고, 주인을 위해서 엄청나게 많은 일을 해주는데도 주인은 그런 모이나에게 한 번도 고맙다고 하지 않는데, 왜 자신이 고맙다고 해야 하느냐고 반문했다. 마을 사람들은 그런 모이나가 너무 고집 세고 뻣세다고 고개를 절레절레 흔들곤 했다. 의문이 나는 모든 것에 왜? 라고 묻는 모이나에게 마을 우체국장님은 '왜왜 소녀(Why Why girl)'라는 별명을 붙여주었다.

모이나는 눈을 반짝이며 물었다.

"왜 부잣집 염소들 풀 뜯기는 일을 제가 해야 되죠? 그런 것쯤은 부잣집 아이들도 할 수 있는 일이잖아요. 왜 물고기는 말을 할 줄 몰라요? 어떤 별들은 태양보다 더 크다면서 왜 그렇게 쪼그맣게 보여요? 왜? 왜? 왜?"

자연에 대해 호기심 많고 세상에 궁금한 것 천지인 모이나의 왜? 라는 질문에 답을 해 줄 수 있는 사람은 아무도 없었다. 모이나는 매일 밤마다 잠들기 전에 책을 읽는 어느 작가에게 물었다.

"왜 선생님은 책을 읽으세요?"

"책에는 모이나 너의 그 수많은 왜? 라는 질문에 대한 답이 들어 있기 때문이란다." 작가의 말에 모이나는 한참 동안 말이 없었다.

"읽는 것을 배울래요. 그래서 제 물음에 대한 답을 얻을래요." 모이나는 똑똑하게 대답했다.

모이나는 책을 통해 태양보다 큰 별이 많다는 것, 하지만 그 별은 지구에서 너무나 멀리 떨어져 있어서 작게 보인다는 것, 물고기는 물고기들만의 말이 있다는 것, 다만 물고기의 소리를 우리가 못 알아듣는다는 것, 지구는 둥글다는 것을 알게 되었다.

매일 부잣집 염소를 끌고 학교에 가던 모이나는 어느 날 염소에게 꼴을 먹이다가 그만 수업에 들어가지 못했다. 정해진 수업 시간이 있다는 선생님의 말에 모이나는 체념하며 발길을 돌리기보다는 발을 쾅쾅 구르며 따져 물었다.

"왜 선생님은 수업 시간을 못 바꿔요? 왜요? 왜요? 아침이면 염소에게 풀을 먹여야 하는 나는 어떻게 해요? 선생님이 가르쳐주지 않으면 저는 어떻게 배워요?"

스스로 납득할 수 없는 것은 무엇이든지 꼬치꼬치 따져 묻고, 캐묻고, 잘잘못을 가리던 모이나는 드디어 마을 최초로 셔보르 출신의 학생이 되었다. 이제 모이나는 친구들에게 성마른 목소리로 다그친다. 왜? 라고 물으라고. 게을러선 안 된다고. 질문을 해야 한다고. 왜 북극성은 언제나 북쪽 하늘에서만 빛나는지 물어야 한다고. 나무 한 그루를 베면 왜 두 그루를 심어야 하는지 알아야 한다고.

왜왜 소녀를 만난 날, 나는 모이나에 대한 이야기가 실려 있는 인도현대동화집을 사들고 왔다. 한국에 있는 어린 친구들에게 왜왜 소녀를 소개해주고 싶었기 때문이다. 모이나의 예쁘고 당찬 모습은 내가 한국에 돌아온 지 얼마 지나지 않아 소개되었다. 이런 사실을 알 리 없는 모이나는 아마 나에게 묻겠지?

"왜요? 저를 한국에 소개했다고요? 왜요?" 하고.

WB19
A8161

느가부지는
릭샤왈라

"수많은 즈가버지들은 또 즈거매들의 목소리를 용케도 알아들어 회관 같은
데 한군데 모여 있다가도 "즈가버지 여기 짬 보씨요 이"하면 "왜 그려?"하
면서도 그중 한 사내가 진짜 고개를 쏘옥 내밀고 나오는 것이었다."

이시영 시인의 「즈가버지」라는 시의 한 부분이다. 내 어머니도 자식들 앞에
서 지아비를 두고 '느가부지'(네 아버지)라고 불렀다. 어머니는 전라도 여편
네였다. 엊저녁 느가부지에게 부실하게 사랑을 받은 날 아침이면 어머니는
올망졸망한 자식새끼까지 '인정머리 없고 싸가지 없는 이가(李家) 종자들'
이라고 싸잡아 통박을 주곤 했다.

내게도 '느가부지'가 있었다. 지구의 외진 구석에서 빵을 굽는 가난한 폐병
쟁이 사내였다. 처자식을 위해 가루를 캐고, 들이마시는 세상 남자들이 얼
마나 고단한 생을 사는지, 그게 석탄가루든, 시멘트 가루든, 밀가루든 세상
의 가루란 가루는 남자들을 목메게 한다는 것을 어린 나는 알지 못했다. 각
혈하듯이 자신이 가진 모든 것을 쏟아내는 가난한 남자에게 '아빠'는 어울

리지 않는 단어였다. 그래서 그분은 영원히 내게 '느가부지'였다.

땀방울이 핏방울처럼 쏟아지는 노동 끝에 허름한 술집에서 노란 허기를 안주 삼아 밥그릇 뚜껑에 25도 소주를 부어 마시는 남자. 그 '느가부지' 찾아오라고 엄마는 내게 심부름을 시키곤 했다. 느가부지는 지금 옆에 없다. 이제 온 세상 술집을 다 뒤져도 '느가부지'라고 부를 '아버지'는 없다. 다만 해 저물녘 술집에서 누군가의 '느가부지들'이 처자식을 먹여 살리기 위해 탁해진 목구멍에 급하게 술잔을 터는 것을 바라볼 뿐.

구멍 난 러닝셔츠에 밑 빠진 룽기 한 조각 아랫도리에 걸친 채 릭샤를 부여잡고 콜카타의 독한 매연가루를 마시며 목숨을 죄는 길들을 뚫고 다니는 '느가부지들'……. 사리자락을 허리에 단단히 동여맨 여편네가 "즈가버지 여기 짬 보씨요 이"하면 "왜 그려?"하고 고개를 쏘옥 내밀고 나올 것 같은 콜카타의 가난한 아버지들.

릭샤왈라

박물관 뒤편 써더 거리에서
릭샤에 올라 앉아 손님을 기다리는 릭샤왈라.

손님보다 밥때가 먼저 도착하는 늙고 배고픈 릭샤왈라.

손님보다 가야 할 길이 먼저 나타나고,
길보다 앞서 과년한 딸년의 다우리(결혼지참금)가
들이닥치는 릭샤왈라.

하루를 공치는 날에는
쓸쓸하고 슬프다, 라고 말하기엔
생은 본질적으로 더 모질다.

ABHISHEK
ROYAL TOUCH
CREATIONS
BROWN
pay-mon>
Ashok
Young
QUIT TODAY
Madanji Meghraj & Co.
STOP
WB04 C
0363
C.S.T.C.
NO ENTRY EXCEPT
BUSES & NEWPAPERS
POLICE

PRIYA
JEWELLERS
JEWELLERS
PRIYA
JEWELLERS

바울의 노래

산티니케탄에서, 그리고 콜카타로 오는 기차 안에서 너를 봤어. 이마를 시원스레 드러내고 긴 머리를 묶은 너는 시타르를 켜며 노래를 부르더구나. 주홍색 장옷을 입고 벵골어로 간(노래)을 부르는 너는 무척 행복해보였어. 90년대 초반, 한국의 어느 고급 레스토랑에서 검게 번들거리는 피아노를 치면서 비틀즈의 '미셸'을 부르다가 양희은의 '일곱 송이 수선화'를 부르기도 하던 네 지친 모습은 찾아볼 수 없었어.

"눈부신 아침 햇살과 산과 들에 눈뜰 때, 맑은 시냇물 따라 내 마음도 흐르네."
노래를 부르던 그때 네 모습은 가사와는 달리 무척 슬퍼보였어. 밤이 이슥도록 몇 군데를 더 전전하며 노래를 팔던 너와 함께 들린 술집도 떠오르는구나. 안주 없이 소주를 마시던 너는 내게 차분하면서도 단호하게 말했지. 인도로 건너가 바울이 될 거라고. 바람처럼 자유롭게 떠돌며 진짜 노래를 부르고 싶다고. 혼이 깃든 노래를 부를 거라고.

소원대로 바울이 된 너를 보면서 나는 스무 살이던 네 앳된 모습을 떠올렸

어. 네가 문학 동아리에 처음으로 온 날, 희고 동그란 얼굴이 무척 귀여운 신입생이던 너는 뒤풀이와 신고식을 겸한 술자리에서 노래를 불렀지. '죽창가'나 '임을 위한 행진곡'과 같은 거친 투쟁가를 부르며 젓가락을 두들겨대던 막걸리 집에서 너는 두 손을 모으고 얌전하게 '세노야'를 불렀지. 어두컴컴하고 시큼한 냄새 물씬 풍기는 술집에 퍼지던 네 노래는 너무나 맑고 고와서 모두를 어리둥절하게 만들었어. 그때는 몰랐어. 너무 맑고 고운 노래를 부르는 네가 어떻게 이십 대를 아프게 건널지, 너무 여리고 부드러운 네가 80년대 그 끔찍한 시절을 통과하면서 얼마나 슬퍼져야 할지 말이야.

장마 도깨비 여울 건너가듯 세월이 무척 빨리 흘러 너는 어느덧 삼십 대가 되었더구나. 세상의 인연 따라 길바닥을 떠돌다가 너와 내가 이렇게 만났구나. 비로소 세상 모든 노래가 구구절절이 가슴에 맺히는 나이에 너는 고락에 겨운 입술로 노래를 부르는구나. 시인이 되고 싶어서 문학 동아리에 들어왔다고 수줍게 고백하던 풋내 나는 문청(文靑)으로서가 아니라 성숙한 음유시인이자 진정한 바울이 되어서 말이야. 이십 대에는 몰랐어. 펄펄 끓는 제 안의 젊은 피와 싸우느라, 온몸에 있는 피를 다 내줘도 모자라다고 아우성치는 흡혈귀 같은 세상과 싸우느라 말이야. '살 길을 알았을 때는 이미 늦었기에／ 우리들의 마음은 밤 속에서 일제히 우는 것이다／ 조그마한 노래 하나를 짓는 데도 불행이 필요한 것이다／ 몸짓 하나를 하는 데도 회한이 필요한 것이다／ 기타 한 줄을 치기 위해서도 흐느낌이 필요한 것이다／ 행복한 사랑은 어디에도 없다'(루이 아라공)는 것을 말이야.

폴란드 시인의
오디세이아

친구의 결혼식에 참석하기 위해 산티니케탄에서 델리로, 델리에서 잠무로, 다시 잠무에서 스리나가르로 2박 3일에 걸친 긴 여정을 마쳤다는 여인은 방구석에 조용히 앉아 무릎 위에 공책을 올려놓고 무언가를 쓰고 있었다. 함께 방을 쓰게 된 나는 나이를 가늠할 수 없는 유럽 여자가 글을 쓰고 있는 모습을 말없이 지켜보고만 있었다. 배낭을 베개 삼고 누워서 자드락길처럼 비탈지고 좁은 뼛속 길들이 노곤하게 풀려가는 것을 느끼며 말이다.

여인은 얼마나 오랫동안 글을 쓰고 있었을까. 나는 긴 여행 끝에 밀려드는 피곤한 몽롱함 속에서도 타닥타닥 제 홀로 불꽃을 피우고 타오르는 어떤 기억들 속으로 들어가 헤매고 있었다. 어떤 기억의 불꽃은 가슴 언저리에 닿아 홧홧거리고 있었고, 어떤 불꽃은 이마에서 터져 미열로 번지고 있었다.
한참을 골똘히 쓰던 여인이 손때가 묻은 허름한 노트와 펜을 배낭에 집어넣더니 나에게 인사를 했다.
"당신은 어디에서 왔나요?"

깡마른 체구에 달 호수에 비친 햇살처럼 미소가 넉넉한 여인이 물었다.

"한국에서 왔어요. 당신은 어디에서 왔나요?"

내가 물었다.

"폴란드 출신이에요."

여인이 말했다.

"아까부터 뭔가를 열심히 쓰고 있던데⋯⋯."

차마 뭘 썼는지 묻지 못하고 나는 말을 흐렸다.

"시를 조금 썼어요."

부끄러운 듯 얼굴을 살짝 붉히며 말했다.

"시인인가요?"

여인을 마주하고 반대편 벽에 비스듬히 기대앉아 이야기를 나누다가 나는 그만 시를 쓴다는 말에 벌떡 일어나 앉고 말았다.

"시를 쓰는 사람을 시인이라고 한다면⋯⋯, 저는 시인입니다."

여인이 말했다.

"저도 스무 살 무렵엔 시를 썼는데⋯⋯, 지금은 쓰지 않아요. 아니, 못 써요."

나도 모르게 불쑥 튀어나온 시라는 말, 스무 살이라는 말이 너무나 불경스럽게 느껴져서 얼굴이 홧홧거렸다. 어쩌다 후다닥 마흔 살이 되어버렸고, 되짚어 돌아갈 길도 내처 달릴 길도 보이지 않게 된, 분명하게 남아 있는 것이라곤 초라한 늙음과 견고한 죽음밖에 없는, 그래서 자신을 속이고 설득할 방법을 찾아 인도까지 줄행랑을 친 중년의 한 인간. 그게 바로 나라고, 시와 시인 그리고 스물이라는 단어가 떠도는 방안에서 또렷이 자각했기 때문이다.

그런 내 마음을 읽은 걸까. 여인은 시는 쓰는 게 아니라 가슴으로 들어와 가슴으로 나가는 것을 지켜보다 종이에 옮겨 적는 것이라고 했다. 그 말을 하면서 예쁘지 않은 뭉툭한 손으로 자신의 민틋한 가슴을 손으로 가리켰다.

어쨌든, 시 때문이든 시인 때문이든, 낯선 이방인끼리 예기치 않게 만나게 된 분위기 때문이든, 우리는 오랫동안 많은 이야기를 나누었다.

이름은 마그다. 나이는 마흔 넷. 독신. 폴란드 국립대학에서 문학 전공. 프랑스와 영국 문학잡지에 시나 산문을 기고하는 시인이자 저널리스트. 외국어 열한 개를 구사하는 언어의 천재. 지금은 비스바바라티 대학에서 12번째 외국어인 산스크리트어를 배우는 학생. 그리고 유태계 폴란드인. 나치 시절, 유태인이라는 이유만으로 무참히 학살된 가족을 둔 슬픈 후손. 십 대 시절 브레즈네프를 향해 광장에서 열렬히 깃발을 흔든 것을 부끄러운 기억으로 간직하고 있음. 이십 대에 겪은 80년의 폴란드 사태와 유로코뮤니즘의 대두. 사회주의가 무너진 90년대 이후의 오랜 혼란과 파국. 전생에 자신이 인도인이었을 것이라고 믿는 동유럽인.

자신의 이야기를 들려주는 마그다의 목소리에는 일체의 엄살을 배제한, 고통과 슬픔을 오래오래 삭이고 갈무리한 사람 특유의, 메마른 따뜻함이 느껴졌다. 가차 없이 잉여의 살을 발라낸 것처럼 마른 이 여인은 지나온 역사와 삶, 그리고 여행과 유랑의 매 순간마다 '위태로운 마지막을 견디며 건져 올린 황홀한 시'에 대해 차분하게 이야기하고 있었다.

너무 큰 슬픔은 눈물을 흘리지 않고, 너무 깊은 상처는 소리를 내지 않는다던가. 나는 그 차분하고도 정갈한 목소리를 들으며 마그다가 어쩐지 오랜 친구처럼 가깝게 느껴졌다.

"결혼식이 끝나면 어디로 갈 건가요?"

행선지가 같으면 동행하고 싶은 마음이 든 나는 마그다에게 물었다.

"레가 있는 라다크."

마치 라다크행 기차표를 이미 끊어 놓은 것처럼 말했다. 나는 몇 년 전에 읽은 헬레나 노르베리 호지가 쓴 『오래된 미래』를 떠올렸다. 내용이 가물가물했다. 그 책을 마그다가 읽었는지 알 수는 없었지만 리틀 티베트라고 불리는 라다크를 향해 오체투지의 자세로 나아갈 터였다.

"혹시, 이메일 주소가 있으면, 좀 가르쳐주실래요?"

어디에도 오랫동안 정착을 하지 않을 마그다에게 집 주소 대신 이메일 주소를 물었다.

"마그다……."

내게 흔쾌히 자신의 이메일 주소를 알려주었다.

magda@free.fr……. 나 역시 언제든지 찾아오라며 콜카타 집 주소를 알려주었다. 나는 단 한 번도 이메일로 편지를 보내지 못했고, 마그다는 그 뒤로 콜카타에 오면 어김없이 내 집으로 찾아와 주소를 주고받는다는 게 무엇인지를 몸소 보여주었다.

"담배 피울 줄 알아요?"

마그다는 배낭에서 '비리'라는 몽땅한 엽연초를 꺼내며 내게 물었다.

“아, 예……."

우물쭈물, 엉거주춤, 몸을 사리고 있는 내게 엽연초 한 대를 뽑아 내밀었다.

"비리는 미국산 말보로보다 훨씬 맛이 훌륭한 담배죠. 물론 값도 싸고요."

엽연초 한 모금, 물통에 든 생수 한 모금을 번갈아 피우고 마셔대며 마그다가 키득거렸다. 릭샤왈라 같은 막노동꾼이나 피우는 싸고 독한 엽연초를 맛나게 피워대는 모습이 아주 행복해보였다.

"폴란드에는 언제 돌아가나요?"

이듬해면 한국으로 돌아가게 될 나는 철없이 물었다.

"돌아가지 않아요. 영원히."

길바닥이 자신의 영원한 바닥임을 분명하게 알고 있는 듯이 단호한 대답이 돌아왔다.

영원히. 그 마지막 말이 너무나 깔끔하고 단호해서 나는 더 이상 묻지 못했다. 어떤 연유에서인지는 모르지만, 마그다가 정치적 망명자라는 것을, 그때 나는 알지 못했다. 다시는 고향에 돌아가지 않겠노라고 단언을 내릴 때 느낄 그 도저한 슬픔이 어떤 것인지 나는 알지 못했다. 그때도, 그리고 지금도. 어쩌면 마그다가 느끼는 아픔은, 내게는 끝내 이해할 수 없는 것인지도 몰랐다.

영원히, 라는 단어를 쓰던 때가 있었다, 나에게도. 사랑도 전부 아니면 전무. 이별도 올 오어 낫씽. 영원한 사랑, 아니면 영원한 이별. 네가 나를 사랑한다면 영원히 사랑해줘. 네가 나를 떠난다면, 제발 다시는 돌아오지 마, 영원히. 하지만 이제 나는 영원히, 라는 말이 얼마나 엄청난 말이고 무서운 말이고 섬뜩한 말인지를 아는 나이가 되어버렸다. 어쩌면 죽을 때까지, 영원히, 내가 쓸 수 없는 말은, 영원히 라는 말이 될 것이다.

마그마 같이 뜨거운 이름을 가진 마그다. 마흔이 넘어서도 12번째 외국어, 그것도 이미 사어(死語)가 되어버린 산스크리트어를 산티니케탄의 골방에서 등잔불에 의지해 공부한 마그다. 열한 종류의 외국어를 유창하게 말해도 어느 나라에도 속하지 않은 철저한 방외인(方外人)인 마그다. 비리 한 모금, 생수 한 모금으로 허기를 채우며 틈틈이 쓴 시를 유럽 잡지에 타전하는 마그다. 희망을 찾는 서성임과 불안과 떨림을 낯선 이국의 디아스포라에서 찾은 마그다. 영원히 끝나지 않을 마그다의 오디세이아(Odysseia). 그대, 다시는 고향에 가지 못하리.

बैंक UCO BANK
यूको बैंक UCO BANK
VALUE ADDED
UCO
urrent Accou
JE A

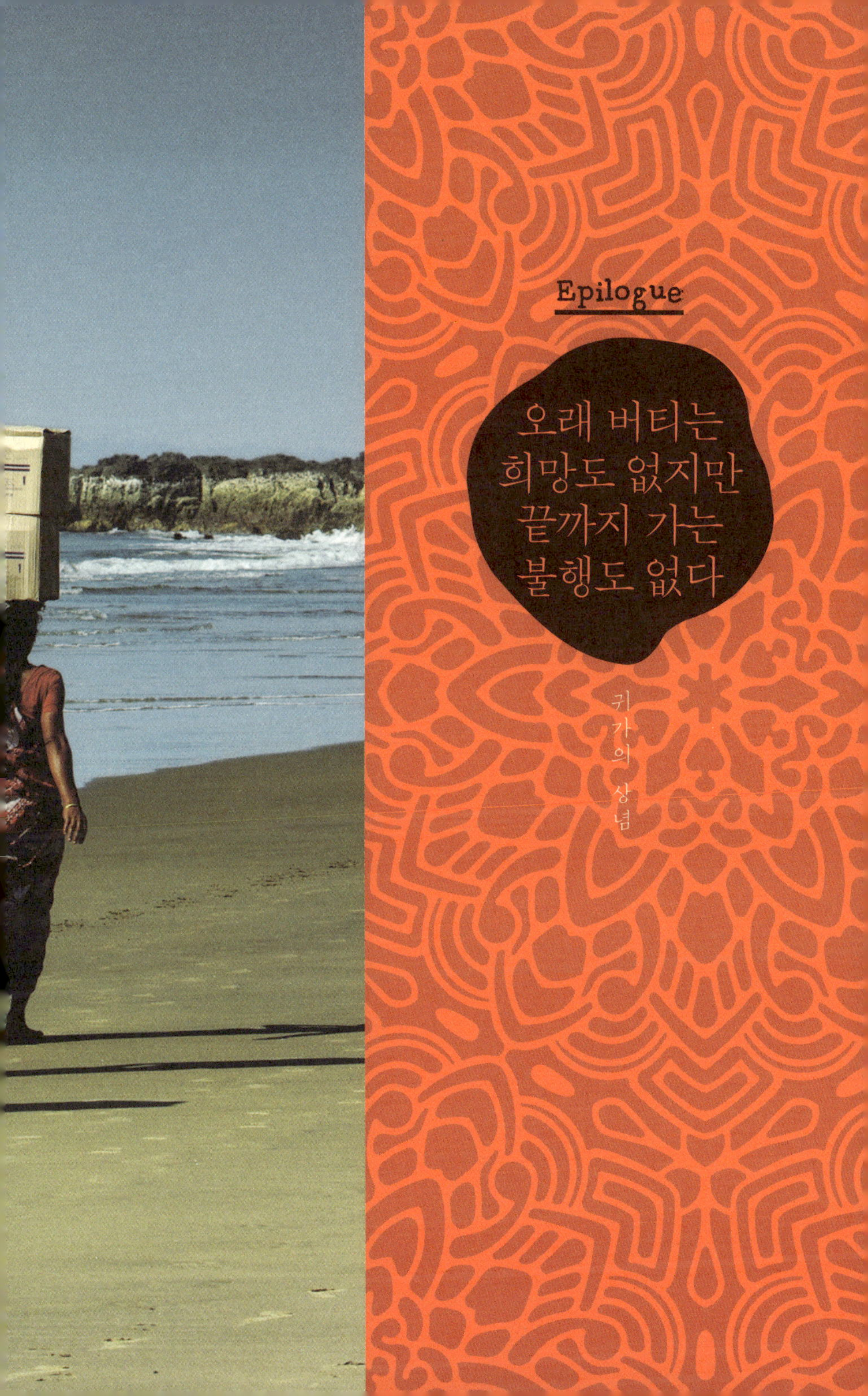
Epilogue
오래 버티는
희망도 없지만
끝까지 가는
불행도 없다
귀가의 상념

혹시 제가
아는 사람 아닌가요?

인도에서 생활이 거의 막바지에 이르렀을 때, '혹시 제가 아는 사람 아닌가요?'라는 제목이 붙은 이메일을 받았다. 척 봐도 스팸메일이라는 것을 알았지만 나도 모르게 순간 클릭하고 말았다. 어쩌면 나를 오랫동안 알았지만 인도에 온 사실을 모르는 사람이 바람결에 소식을 듣고 조심스럽게 연락을 취해온 것은 아닌가 싶은 마음이 들었다. 연락을 원하는 사람은 메일 송신자가 아니라 바로 내 마음이라는 것을 안 것은 홀라당 벗은 여인네의 흰 살로 꽉 찬 뜨거운 화면을 확인하고 나서였다. 그래도 혹시나 아는 사람인가 싶어 화면에 코를 박고 찬찬히 들여다보았다. 구둣솔처럼 검고 단단한 거웃과 두부처럼 희고 매끈한 엉덩이와 럭비공처럼 빵빵한 젖을 가진 여인은 아쉽게도 아는 여자가 아니었다.

'우습군'이라는 메일 제목은 한국에 있으면서 상처를 준 누군가가 인도로 내뺀 내 비겁함을 눈치채고 야유를 보내는 건 아닌가 싶어서 열어봤다. 물론 나에게 건너오는 마음 한 조각 없는 우스운 메일이었다. 단번에 우습군(君)도 못 되는 우습녀(雨濕女)로 전락하고 말았지만, 가까운 사람이 나를 우습게 보는 메일을 보내지 않은 것만으로도 마음이 놓였다.

그럼에도 나는 성실하게, 진정성을 가지고, 내 소식이 하나도 궁금하지 않은, 나와는 아무런 상관이 없는 스팸메일을 클릭해댔다. '너 외롭냐?'라는 메일은 제목만 보고도 벌써 안구에 습기가 차고 코끝이 찡해졌다. 클릭하니 역시 낯모르는 여인이 홀라당 벗은 채 발라당 누워 있는 야한 화면이 떴다. 벌거벗은 여인도 외로운 게라고 생각했다. 외로우면 별짓을 다 하는 게 사람이니까. 외로우면 못 할 짓이 없는 게 사람이니까.

'외로우니까 사람이다.' 그러니 '그대 울지 말라'고. '산 그림자도 외로움에 겨워 한 번씩은 마을로 향하고' '새들이 나뭇가지에 앉아서 우는 것도' 다 외로워서라고. 그러니 '공연히 오지 않는 전화를 기다리지 마라'(정호승)고 하지 않던가.

그런데도 나는 오지 않는 전화를 매일 기다렸다. 그나마 가뭄에 콩 나듯이 건너오는 메일도 어디냐 싶어 끈덕지게 매달렸다. 너 외롭냐? 내게 물어보지는 못했다. 급기야 '담 너머 옆집 마누라 훔쳐보기'라는 제목의 메일마저 열어보는 심사는 외로움 따위와는 상관없는 것이었을 테니까. 미치게 외로워지면 담 너머 옆집 마누라를 훔쳐보는 짓을 하지 않으리란 장담을 할 수 없었다. 막 가기 전에, 맛 가기 전에, 냉큼 집으로 가야겠다는 생각이 들었다.

'혹시 제가 아는 사람 아닌가요?'
'너 외롭냐?'
이런 제목의 메일에 매번 대책 없이 속는 당신은, 외로운 사람. 오지 않는 전화나 소식을 기다리는 외로운 사람. 어쩌겠어. 외로우니까 사람이라는데.

네 친구들에게
편지를 쓰도록 하라

학교 수업이 끝나고 집으로 돌아와 철제 대문을 미는 순간, 등 뒤로 맹렬하게 꽂히는 눈빛들을 느꼈다. 뒤를 돌아다보았다. 동네에 사는 유일한 외국인을 향한 이웃집 벵골 여인네들의 호기심이 가득한 눈빛이 커튼 뒤에서 반짝거리고 있었다. 그네들을 향해 손을 들어 아는 체를 해줬다. 내 느닷없는 손짓에 화들짝 놀라 하늘거리는 커튼 속으로 냉큼 들어가버리는 눈빛, 눈빛들. 그네들의 눈꺼풀이 깜빡일 때마다 낯선 타자이자 이방인인 내 모습이, 깜빡, 깜빡거렸다. 깜빡하면 잊어버렸을지도 모를 내 존재, 그리고 존재의 거처……

마당 안으로 들어서려고 할 때, 담벼락에 기대어 있던 키 큰 그림자가 내 곁으로 불쑥 다가왔다.

"우표 가진 거 있냐?"

세 집 건너 미라 데비 할머니의 손자인 수딘드라 크리슈나라는 청년이었다. 대학까지 멀쩡히 나왔다는데도, 하루 종일 할 일 없이 빈둥거리며 시따르만 쳐대는 청년이었다. 바울이 되고 싶어 하는 청년을 미라 데비 할머니

LETTERS
भारतीय डाक
INDIA POST
NO CLEARANCE ON
SUNDAY/HOLIDAY
PIN-700 087

가 필사적으로 말리고 있다는 것을, 나는 주인집 마담을 통해 들어 알고 있었다.

내가 처음 이 동네로 이사 왔을 때, 달팽이가 골목길을 기어가듯 느릿느릿하고도 슬픈 계면조의 시따르 선율을 수딘드라 크리슈나는 들려주었다. 물론 이방 여자의 동네 입성을 축하해주기 위해 친절하게도 시따르 연주를 해 준 건 아니었다. 튜닝하는 데 반나절, 연주하는 데 반나절, 그렇게 시따르를 만지는 데 하루를 곱다시 바치는 것이 일과인 백수 청년이 튕기는 가락을 몰래 귀동냥했던 것뿐이다. 오며 가며 먼발치에서 크리슈나의 시따르 연주를 들은 걸 눈치챈 것일까. 감상한 값을 받으러 온 게 아닌가. 처음에는 얼마를 줘야 하나 속으로 셈을 해보기도 했더랬다. 몇 번 귀가하는 나를 기다렸다가 한다는 소리가 우표 있냐는 질문뿐이어서 귀동냥질을 아무런 부담 없이 하기로 마음먹은 터였다.

"없다."
주로 전자 우편으로 한국과 소식을 주고받은 나로서는 크리슈나가 원하는 우표를 줄 수 없었다.
"내겐 노우쓰 코리아 우표가 있다. 그러니까 싸우쓰 코리아 우표도 있어야만 한다."
어깨에 닿을락 말락한 곱슬머리를 한 데다 비쩍 마른 체구에, 눈빛에는 제법 쓸쓸한 그늘이 담겨 있는 크리슈나. 그래서 겉으로 보기에는 아마추어 예술가 포스가 느껴지는데도 반거들충이 같은 말을 하곤 해서 나를 어리둥절하게 만들었다.

"내겐 우표가 없다, 알겠냐?"

크리슈나의 헛된 기대에 쐐기를 박듯이 나는 단호하게 말했다.

냉랭한 말투에도 아랑곳하지 않고 크리슈나는 그저 어깨를 추켜올렸다가 내렸다.

"그럼, 네 한국 친구들에게 편지를 쓰도록 하라."

내게 명령을 내리고는 어둠 속으로, 슬쩍, 큰 키를 감추며 사라졌다. 싸우스 코리아, 노우쓰 코리아, 친구들, 편지, 우표……, 그리움 그리고 향수 그리고 고향. 고향이란 뜨거운 곳이라던가. 뜨거운 곳을 떠나 뜨거운 곳에 왔으나 여전히 뜨거운 곳이 그리운 것을 보니, 드디어 갈 때가 되었다는 생각이 들었다.

Still in love

약 2년 동안 인도의 콜카타에서 살았다. 그곳에서 나는 사람이 그리웠다. 사람이 그리우면 콜카타 대학 낡고 더러운 강의실 책상에서, 망고나무와 구아바 나무와 바나나 나무가 내다보이는 골방의 플라스틱 책상에서 일기를 쓰거나 편지를 쓰거나 번역을 하거나 소설을 썼다. 온갖 글을 쓰고 있으면 눈물 대신 땀방울이 뚝뚝, 떨어져 내렸다. 이마를 거쳐 콧등을 지나 턱으로 떨어지는 땀방울들이 쇄골에 고여 들기도 했다.

인도산 커피나 짜이를 끓이기 위해 부엌에 잠깐 갔다 돌아오면 초록 도마뱀 한 마리가 노트북의 예민한 키보드 위에 올라서서 네 발로 타다닥, 뭔가를 치고 있는 것을 발견하곤 했다. 내게는 언제나 깊은 심해처럼 막막하기만 한 노트북의 푸른 화면엔 도마뱀이 첨벙첨벙 뛰어다닌 흔적들이 찍혀 있었다.

해독 불가능한 상형 문자와도 같은 몇 개의 미완성 글자들. 초현실주의 시인이 쓴 난해한 시 같기도 한 자음과 모음의 조합은, 땀을 뻘뻘 흘리며 뻘밭에서 호미로 한 글자 한 글자를 캐듯 고단하게 작업을 하는 나를 이상하

게도 위로해주곤 했다.

어이, 도마뱀. 잡아먹지 않을 테니, 이참에 함께 작업을 하는 건 어때?
도마뱀의 차가운 앞발과 뜨거운 악수를 하며 글쓰기 동업을 하고 싶은 마음이 들기도 한 걸 보니, 그 시절 나는 무던히도 혼자 노는 데 이골이 났던 모양이다.

미안한 말이지만, 네겐 그런 행운 따윈 없을 거야.
내 인기척에 마치 손사래를 치듯 긴 꼬리를 흔들며 잽싸게 도망치던 도마뱀. 어기적어기적 게발걸음으로 들어갔다 빠져나오곤 하는 내 글쓰기를 비웃듯이 가끔씩 키보드 위에서 블루스 난리를 쳐대던 도마뱀들.

나는 집으로 돌아왔다. 인도에서 24시간 불가마 속 같았던 더위를 보상이라도 해주려는 듯, 한국에는 봄인데도 폭설이 쏟아졌다. 폭설 뒤엔, 매화와 진달래와 개나리, 배꽃과 사과꽃, 벽오동 보랏빛 꽃, 꽃꽃꽃들이 차례로 피고 졌다. 그토록 많은 빛깔을 가진 꽃들이 있다는 것과 그 꽃들이 눈앞에서 마구마구 진다는 것이 잘 받아들여지지 않았다.
오랜만에 만난 수십 년 지기들은 짱짱하던 얼굴 윤곽이 무너진 채 나를 향해 웃어주었다. 어쩐지 일 년에 십 년씩 늙어버린 듯한 지기들을 마주하고 있는 기분은 무엇으로도 설명이 잘 되지 않았다.

거칠고 혼란스럽고 까칠하고 복잡한 인도의 아날로그 풍경과는 사뭇 다른

이곳 풍경은 너무나 미끈하고 화려하고 정돈된 디지털화면 같았다. 팔팔결로 뻗어나간 도로며, 멀쑥하게 단장한 거리며, 곰비임비 수십 채씩 붙어 있는 아파트 숲이며, 고급스런 옷을 입은 사람들의 모습이며……. 수십 년 동안 살았던 이곳 풍경과 사람들을 보면서 묘한 멀미가 일었다. 그때마다 두고 온 인도 풍경이 불쑥, 그 멀미 사이로 들어왔다. 인도에서 얼마나 오래 살았다고. 멀미 틈새로 파고 들어온 그 풍경들은 명치 근처까지 강하게 치고 올라와 심장 한가운데 오래오래 머물곤 했다. 이런 걸, 그리움이라고 하는 걸까. 곤혹스러웠다. 장마도깨비 여울 건너가듯 이 그리움도 세월 속으로 속히 건너가리라.

마리아 호텔

콜카타 써더 거리 골목 이슥한 곳에 있는 마리아 호텔. 그곳에서 한 달 동안 머물고 싶다.

마리아 호텔 싱글 룸 베드에 누워 눈이 짓무르도록 책을 읽다가 배고프면 슬리퍼를 질질 끌고 밖으로 나와 열대의 혼곤한 뜨거움에 흐느적거리면서 뉴마켓 골목 목로 의자에 앉아 개처럼 헐떡거리며 알루(감자) 카레에 낯달같이 둥그런 차파티를 적셔 먹고 싶다.

칼리 여신에게 제물로 바쳐질 눈 맑은 염소가 담벼락의 영화 포스터를 한가롭게 뜯어먹고, 그 옆에서 다갈색 알궁둥이를 까고 국수다발 같은 누런 똥을 싸질러대는 길거리 계집아이를 쳐다보면서, 뜨겁고 달고 향기가 독한 짜이를 마시고 싶다.

써더 거리를 점령군처럼 차지하고 있는 늙은 유럽의 낯선 여행자들과 객쩍은 농담을 주고받는 것도 지겨워질 때쯤.

인도산 킹피셔 맥주를 다섯 병 사들고 와서 마리아 호텔 싱글 룸에서 금주령을 두려워하면서도 즐기는 알코올 중독자처럼 야금야금 마시면서 끝내

부치지 못할 낯 뜨거운 연애편지를 갱지에 쓰고 싶다.
연애편지를 쓰다가 눈이 매워지면 다시 밖으로 기어 나와 시장 한복판에서 눈 먼 아이가 부르는 힌디 유행가를 듣고 싶다.

내 이런 욕망이 퇴행적이고 퇴폐적이라는 걸 안다. 기대고 있는 감정이 신파적이라는 것도 안다. 그런데, 마리아 호텔에 들어서는 상상을 하는 것만으로도, 가끔씩 위안을 받는다.

약간은 황량하고도 쓸쓸한 위안…….

나는 따뜻한
물에 녹고 싶다

누군가 내게 물었다. 마음이 춥거나 삶이 쓸쓸하다고 느끼는 사람들이 인도를 가는 것을 많이 봤다고. 왜죠? 라고. 다분히 주관적인 질문이었다. 질문에는 언젠가는 인도로 여행을 가고 싶어 하는 작은 바람도 실려 있는 것 같았다. 인도는 불기운이 강한 나라니 마음이 추운 사람을 따숩게 해 줄 수 있을 거라는 말을 하려다 말았다.

질문을 받은 뒤 「눈사람 자살 사건」(최승호)이라는 짧은 글이 떠올랐다. 더 살아야 하는지 말아야 하는지 고민하며 텅 빈 욕조에 누워 있던 눈사람. 굳이 눈사람이 아니더라도 나 역시 가끔씩 심각하게 살고 죽는 문제를 고민할 때가 있었다. 불볕이 쨍쨍한 여름에도 몸과 마음이 꽁꽁 얼어붙어버린 눈사람이 될 때가 있었다. 하는 일마다 만나는 관계마다 자빠지고 엎어지고 갈팡질팡할 때, 차라리 눈밭에 굴러 눈사람이나 되고 싶다는 생각을 했었다. 눈사람으로 사는 것조차도 구차스러워질 때, 흔적도 없이 녹아 없어지고 싶었다.

'더 살아야 할 이유가 없다는 것이 자살하는 이유가 될 수 없으며 죽어야 할

이유가 없다는 것이 사는 이유 또한 될 수 없었던' 눈사람은 막상 텅 빈 욕조에 눕게 되자 찬물과 뜨거운 물 사이에서 고민을 했다. '뜨거운 물에는 빨리 녹고 찬물에는 좀 천천히 녹겠지만, 녹아 사라진다는 점에서는 다를 게 없었'지만 눈사람은 텅 빈 욕조에서 고민을 계속했다. 아무리 그래도 생의 마지막 순간인데. 눈사람은 흐무러지기 직전에 스스로에게 되뇌었다. '나는 따뜻한 물에 녹고 싶다. 오랫동안 너무 춥게만 살지 않았는가' 하고.

결국 눈사람은 따뜻한 물로 자신의 몸을 녹였다. 눈사람은 '자신의 몸이 녹아 물이 되는 것을 지켜보다 잠이 들었다'. 녹아 사라지는 눈사람처럼, 우리도 언젠가는 사라질 것이다. 오랫동안 너무 춥게만 살았다는 생각이 든다면, 뜨거운 눈물로도 몸이 녹지 않는다면, 인도에 와서 텅 빈 욕조나 고무 대야에 뜨거운 아열대의 빗물을 받아 놓고 꽁꽁 언 몸과 마음을 녹여봄 직도…….

오래 버티는 희망도 없지만
끝까지 가는 불행도 없다

누군가 말했다. 여행이란 익숙한 조건에서 낯선 조건 속으로 존재를 밀어 넣는 일, 그래서 존재 앓기를 하는 일이라고. 익숙하던 일상이 불현듯 뜯겨 져 나가는 것, 예측 불가능한 순간과 매번 정면 대결하는 것, 갑작스런 풍 경이 솥뚜껑 속 닭이 살아 튀어나오듯 눈앞에 펼쳐지는 것을 경험하는 것 이 바로 여행. 선 채로 오지 않는 기차를 밤새 기다리는 것, 매혹적인 불안 을 즐기는 것, 낯선 세상의 무례를 겸허히 견디는 것, 이별을 즐기는 것, 밥 잘 먹고 똥 잘 싸고 잠 잘 자는 것이 얼마나 큰 축복인지를 깨닫는 것, 미워 한 사람들이 무지무지 애틋해지는 것, 신문에 어떤 기사가 났는지 알 수 없 는 것, 세상은 넓고 사람은 다양하다는 것을 아는 것, 예전과 생판 달라진 나를 만나는 것, 무엇보다 자신의 한계를 발견하는 것, 그것을 경험하는 것 이 여행이다.

인도 여행을 하고 돌아온 뒤에도 불안은 내 가련한 영혼을 게걸스럽게 먹 어치우고 있으며 우울 역시 여전히 내 늙은 심장을 들볶고 있다. 지긋지긋 한 일상과 복잡다단한 관계는 언제 그랬냐는 듯이 한 치의 착오도 없이 제

FRESH & JUICY
RESTAURANT
INDIAN TANDOORI
CHINESE & CONTINENTAL
BREAK FAST
LUNCH
SNACK
DINNER
DONATION BOX

자리를 잡았다. 스트레스에 더 취약해졌고 일이 뜻대로 풀리지 않으면 머리 뚜껑이 열리는 데 일 초도 걸리지 않았다. 이별 앞에선 자학을 일삼으며 더 징징댔고 돈 앞에선 더 졸렬해졌다.

하지만 나는 이제 안다. 오래 버티는 희망도 없지만 끝까지 가는 불행도 없다는 것을. 어떤 철학자가 말한 것처럼 주름살은 상처가 아니듯이 늙음은 병이 아니며 상처는 삶이 주는 가장 깊은 문신이라는 것을. '사랑하는 게 죽을 만큼 힘들어도 대부분은 늙어서 죽지 연인으로 죽진 않는'(김연수)다는 것을. 된통 홍역을 치르고 나면 평생 면역을 얻게 되어 다시는 홍역을 반복하지 않게 되듯이, 존재 앓기를 제대로 하고 나면 앓는 것만으로는 죽지 않는다는 사실을 깨닫게 된다는 것을. 무엇보다 여기서 살다가 수틀리면 떠날 수 있는 저기가 지천으로 널려 있다는 것을. 여행은 남는 장사라는 것을. 그러니까 어떻게든 살아야 한다는 것을…….

하지만 나는 이제 안다.
오래 버티는 희망도 없지만 끝까지 가는 불행도 없다는 것을.
무엇보다 여기서 살다가 수틀리면 떠날 수 있는 저기가 지천으로 널려 있다는 것을.
여행은 남는 장사라는 것을.
그러니까 어떻게든 살아야 한다는 것을……

나는 나만 생각하는
이기적인 시간이 필요했다

초판 1쇄 | 2016년 3월 15일

지은이 | 이화경

발행인 겸 편집인 | 유철상
책임편집 | 황유라
교정 · 교열 | 황유라
디자인 |Mia Design
마케팅 | 조종삼, 임지연

펴낸 곳 | 상상출판
주소 | 서울시 동대문구 정릉천동로 58, 103동 206호(용두동, 롯데캐슬 피렌체)
구입 · 내용 문의 | 전화 02-963-9891, 070-8886-9892 팩스 02-963-9892
이메일 cs@esangsang.co.kr
등록 | 2009년 9월 22일(제305-2010-02호)
찍은 곳 | 다라니

※ 가격은 뒤표지에 있습니다.

ISBN 979-11-86517-57-4 (13980)
© 2016 이화경

www.esangsang.co.kr